Wirtschaft – Organisation – Personal

Herausgegeben von
M. Stangel-Meseke, Iserlohn, Deutschland
R. Lanwehr, Iserlohn, Deutschland

Das heutige Arbeitsumfeld ist durch hohe Komplexität und widersprüchliche Anforderungen geprägt: Während einerseits die Ressourcen knapper werden und der Produktivitätsdruck in globalisierten Märkten zunimmt, soll andererseits die Innovationsfähigkeit steigen, der langfristige Erfolg der Organisation sichergestellt und das Engagement der Mitarbeiter gefördert werden. Dieser Spagat findet in einem Umfeld statt, das von demographischem Wandel, Fachkräftemangel und zunehmend heterogenen Arbeitsgruppen geprägt ist. Für diejenigen Organisationen, die die Herausforderungen erkennen und ebenso frühzeitig wie gezielt angehen, ergibt sich ein wichtiger Wettbewerbsvorteil. Die Reihe Wirtschaft-Organisation-Personal will dazu einen Beitrag leisten. Durch die Verknüpfung empirischer Befunde mit den dringenden Fragen der heutigen Organisationen positioniert sie sich als zentraler Impulsgeber für Wissenschaft und Praxis.

Herausgegeben von
Martina Stangel-Meseke
Iserlohn, Deutschland

Ralf Lanwehr
Iserlohn, Deutschland

Julia Kaup

Die Unterrepräsentanz von Frauen in Führungspositionen

Eine Ursachenanalyse

Mit einem Geleitwort von
Prof. Dr. phil. habil. Martina Stangel-Meseke

Springer Gabler

Julia Kaup
Dortmund, Deutschland

Wirtschaft – Organisation – Personal
ISBN 978-3-658-10695-9 ISBN 978-3-658-10696-6 (eBook)
DOI 10.1007/978-3-658-10696-6

Die Deutsche Nationalbibliothek verzeichnet diese Publikation in der Deutschen Nationalbibliografie; detaillierte bibliografische Daten sind im Internet über http://dnb.d-nb.de abrufbar.

Springer Gabler

Springer Fachmedien Wiesbaden ist Teil der Fachverlagsgruppe Springer Science+Business Media
(www.springer.com)

Geleitwort

Der Erste Gleichstellungsbericht der Bundesregierung „Neue Wege – Gleiche Chancen. Gleichstellung von Frauen und Männern im Lebensverlauf“ (2011) zeigt deutlich, dass gerade für berufstätige Frauen Chancengleichheit nach wie vor nicht realisiert ist. Das Bündel der Ursachen dafür ist vielfältig: Gesetzliche Regelungen, gesellschaftlich verankerte Normen, Werte und Rollenbilder sowie die vorherrschenden Einstellungen der Wirtschaft gegenüber der Erwerbstätigkeit von Frauen bilden ein Geflecht von Ursachen, das maßgeblich die Repräsentanz und Chancen von Frauen im Erwerb beeinflusst. Dass die Diskussion um Chancengleichheit in Bezug auf beide Geschlechter in unserer Gesellschaft noch ungebrochen ist, zeigen die erst letztlich geführten Debatten um die Einführung der gesetzlichen Frauenquote, den Ausbau der Kita-Plätze, die Infragestellung des Betreuungsgeldes, den Mindestlohn und die jüngst angefochtene Regelung zum Betreuungsgeld.

Während die Globalisierung in der Wirtschaft die Individualisierung der Menschen stetig vorantreibt und immer weitere Megatrends durch gesellschaftliche, technologische, demografische und ökonomische Entwicklungen entstehen, stellt sich die Frage, wie wir in Zukunft leben und arbeiten werden mehr denn je. Aufgrund der immer dynamischer werdenden Unternehmensumwelten wird die Arbeit des 21. Jahrhunderts zunehmend von den Lebenswirklichkeiten der in der Gesellschaft tätigen Personen beeinflusst. Dabei stellt die Flexibilität, Kreativität und Aktionsfähigkeit der beruflichen Akteure und Akteurinnen einen entscheidenden Parameter erfolgreicher Unternehmenstätigkeit dar.

Für Unternehmen besteht der Balanceakt insbesondere darin, sich gleichermaßen der zunehmend interpersonellen, gruppen-, organisations- und gesellschaftsbezogenen Vielfalt zu stellen. Obwohl alle diese Bestrebungen in der Wirtschaft in Wirtschaft und Gesellschaft offenkundlich zu verzeichnen sind, halten sich die Vorurteile und Stereotypen gegenüber Frauen im Erwerb trotz deren steigendem Bildungs-Qualifizierungsniveau ungebrochen. Die negativen Konsequenzen zeigen sich darin, dass Frauen Nischenpositionen im Arbeitsmarktsegment zugewiesen bekommen (typische Frauenberufe), in Führung unterrepräsentiert sind, eine schlechtere Bezahlung als Männer erhalten und durch familien- und pflegebedingte Erwerbsunterbrechungen diskontinuierliche Erwerbsverläufe aufweisen, die sich nachteilig auf ihre späteren Rentenansprüche auswirken und im schlimmsten Fall in Altersarmut münden.

Die Arbeit von Frau Kaup zur Unterrepräsentanz von Frauen in Führung stellt einen wertvollen und neuen Beitrag in der Diskussion um die gleichberechtigte Teilhabe von Frauen im Erwerb dar. Dass von Frau Kaup sorgfältig erarbeitete Ursachenmodell zur Analyse der weiblichen Unterrepräsentanz in Führung verdeutlicht nicht nur das komplexe Wirkungsfeld politischer, sozio-kultureller, ökonomischer und betrieblicher Einflussfaktoren, sondern ist von aktueller politischer, gesellschaftlicher und betrieblicher Relevanz.

Die politische Relevanz der Arbeit besteht darin, dass Frau Kaup im historischen Verlauf der Gesetzgebung die entscheidenden Regelungen herausstellt, die zu einem Ungleichgewicht und widersprüchlichen Handlungen in Bezug auf die Frauenförderung führten. Von gesellschaftlich Relevanz ist die in der Arbeit präsentierte Erkenntnis, dass nach wie vor Rollenbilder und Stereotype die Aufstiegschancen von Frauen negativ beeinflussen und diese weiterhin von Medien präsentiert werden und die Einstellungen formen.

Für die Betriebe ist relevant, dass Aspekte wie die betriebliche Rahmenbedingungen, Unternehmensstrukturen, Leistungsbeurteilung, Förderung von Frauen, Vereinbarkeit von Familie und Beruf sowie Geschlechter-Stereotype den Aufstieg von Frauen in höhere Managementfunktionen behindern.

Der Wert der hier vorliegenden Arbeit liegt darin, dass sie einerseits Licht in das Geflecht der unterschiedlichen Ursachen bringt, die eine Unterrepräsentanz von Frauen in Führung beeinflussen und gleichermaßen von aktueller gleichstellungspolitischer Brisanz ist.

So muss sich vor allem die Politik damit beschäftigen, die Auswirkungen ihrer Gesetzgebungen auf die Erwerbschancen für Frauen stärker zu reflektieren, d.h. dass die Konzepte gesetzlicher Regelungen mit Blick auf Gleichstellung und mehr denn je kontextuell und in deren Konsequenz im (Erwerbs-) Lebensverlauf zu beachtet werden müssen. Letztlich setzt Politik entscheidende Rahmenbedingungen für vorherrschende Normen, Werte und Einstellungen in unserer Gesellschaft, die wiederum Chancen der Geschlechter im Erwerbsleben nachhaltig in Form von geschlechtsspezifischen Verhaltenserwartungen determinieren.

Eine Arbeitswelt des 21. Jahrhunderts mit der Realisierung der Erwerbsvorstellungen beider Geschlechter kann – so die Quintessenz der Arbeit von Frau Kaup - nur dann realisiert werden, wenn sich ein politischer, sozio-kultureller und betrieblicher Wandel vollzieht, der das Rollenbild der Frau allgemein und in Führung nachhaltig verändert. Daher bedarf es auf die Ursachen abgestimmter Maßnahmen seitens der Politik, Gesellschaft und Wirtschaft, um der Unterrepräsentanz der Frauen in Führung entgegen zu wirken. Dass diese Maßnahmen von Nöten sind, wird mit den aktuellen Erkenntnissen aus der vorliegenden Arbeit untermauert und knüpft außerdem an Handlungsempfehlungen des Ersten Gleichstellugnsberichts der Bundesregierung zu Frauen im Erwerb an.

Iserlohn Prof. Dr. phil. habil. Martina Stangel-Meseke

Vorwort

„Kind – mach Dein Abitur, damit Du später beim Staubsaugen was Vernünftiges denkst!"

Waren – verbunden mit einem Augenzwinkern – die Worte meines Vaters und damit das prophezeite Rollenbild, welches ich später als Frau erwartungsgemäß innehaben sollte. Doch spätestens die im Jahr 2011 medial geführte Diskussion zur Frauenquote machte mich darauf aufmerksam, dass es für Frauen doch eigentlich auch andere Wege geben müsste: Richtung Chefetage. Da ich zu diesem Zeitpunkt in einer mittelständischen Bank ohne weiblichen Vorstand, ohne Abteilungsleiterinnen und mit nur einigen wenigen Referatsleiterinnen arbeitete, brauchte ich keine Statistiken zu bemühen. Es war über alle Maßen offensichtlich: Weibliche Karrieren sind keine Selbstläufer und Frauen in Führungspositionen sind auch im 21. Jahrhundert noch deutlich unterrepräsentiert. Doch die Frage, *warum* Frauen in Führung unterrepräsentiert sind, konnte dagegen bei weitem nicht so schnell beantwortet werden.

Ich entschied mich daher im Jahr 2012 nach acht Jahren Berufstätigkeit für ein Masterstudium in Wirtschaftspsychologie an der BiTS Business Information and Technology School, um dieser Frage auf den Grund zu gehen. Entstanden ist so im Rahmen des Masterabschlusses die vorliegende Arbeit, die die vielschichtigen Ursachen der Unterrepräsentanz und deren komplexe Wirksysteme beleuchtet und die Zusammenhänge der einzelnen Einflussfaktoren mittels Ursachen-Modell analysiert.

Durch die Auseinandersetzung mit dem Thema änderte sich auch die Perspektive meines Vaters hinsichtlich meines zugedachten Lebenswegs und er wurde einer meiner größten Unterstützer während des Studiums. Leider erlebte er die Fertigstellung meiner Abschlussarbeit nicht mehr, so dass ich – in Gedenken an ihn – ihm diese Arbeit widme.

Dass es mir dennoch möglich war, in einer solch emotionalen Phase meine Masterarbeit fertigzustellen, verdanke ich insbesondere meiner Betreuerin Prof. Dr. Martina Stangel-Meseke. Sie war und ist Inspiration, Mentorin sowie Vorbild und ihr Feedback und ihre Unterstützung nicht in Gold aufzuwiegen. Ebenso danke ich meiner Familie und meinen Freunden sowie dem Team von t-velopment für ihre Unterstützung in unterschiedlichster Art und Weise.

Dortmund — Julia Kaup

Inhaltsverzeichnis

Abbildungsverzeichnis

Tabellenverzeichnis

Abkürzungsverzeichnis

Abb.	Abbildung
Abs.	Absatz
ADS	Antidiskriminierungsstelle des Bundes
AG	Aktiengesellschaft
AGG	Allgemeine Gleichbehandlungsgesetz
Art.	Artikel
Ausg.	Ausgabe
BDA	Bundesvereinigung der Deutschen Arbeitgeberverbände
BDI	Bundesverband der Deutschen Industrie
BMAS	Bundesministerium für Arbeit und Soziales
BMFSFJ	Bundesministerium für Familie, Senioren, Frauen und Jugend
BMJV	Bundesministerium der Justiz und für Verbraucherschutz
BSRI	Bem Sex Role Inventory
Bzw.	Beziehungsweise
CDU	Christlich Demokratische Union
CSU	Christlich-Soziale Union
DAX	Deutscher Aktienindex
DIHK	Deutscher Industrie- und Handelskammertag e.V.
DIN	Deutsches Institut für Normung e.V.
DIW	Deutsches Institut für Wirtschaftsforschung
EU	Europäische Union
FDP	Freie Demokratische Partei
FidAR	Frauen in die Aufsichtsräte
GG	Grundgesetz
GmbH	Gesellschaft mit beschränkter Haftung
Hrsg.	Herausgeber
IHK	Industrie- und Handelskammer
Jg.	Jahrgang
MDAX	Mid-Cap-DAX
Mig.-H.	Migrationshintergrund
Mio.	Millionen
NRW	Nordrhein-Westfalen
o. J.	Ohne Jahr
S.	Seite
SDAX	Small-Cap-DAX
SPD	Sozialdemokratische Partei Deutschlands

Tab.	Tabelle
TecDAX	Deutscher Technologieindex
TzBfG	Teilzeit- und Befristungsgesetz
u.a.	Unter anderem
Vgl.	Vergleiche
WHO	World Health Organization

1 Einleitung

Obwohl die öffentliche und mediale Diskussion zur Forderung nach mehr Frauen in Führungspositionen dazu beigetragen hat, dass ihre Unterrepräsentanz weitgehend nicht mehr als gesellschaftsfähig angesehen wird (Ochsenfeld, 2012), bleibt doch festzustellen, dass Frauen nach wie vor - insbesondere in den höchsten Managementebenen – deutlich seltener als Männer in Führungspositionen vertreten sind (Holst & Schimeta, 2013; Holst & Kirsch, 2014a). Die bisherigen Maßnahmen von Politik und Wirtschaft, wie beispielsweise die Selbstverpflichtung der Privatwirtschaft zur Förderung der Chancengleichheit beider Geschlechter im Jahr 2001, zeigten somit nicht die gewünschte Wirkung (Holst & Wiemer, 2010a; BMFSFJ, 2011a). Um zu verstehen, warum bisherige Bestrebungen zur Erhöhung des Frauenanteils gescheitert sind, bedarf es einer tiefergehenden Analyse der Ursachen für die Unterrepräsentanz.

Ziel dieser Arbeit stellt daher die Konzeption eines Ursachenmodells dar, welches unter Berücksichtigung der komplexen Zusammenhänge der politischen, sozio-kulturellen sowie ökonomischen und betrieblichen Einflussfaktoren die Gründe für die Unterrepräsentanz von Frauen in Führungspositionen aufzeigen soll. Insgesamt soll damit ein Beitrag geleistet werden, ein ganzheitlicheres Bild zu den Gründen der Unterrepräsentanz von weiblichen Führungskräften[1] zu erstellen.

Hierzu erfolgt zunächst die Erläuterung der Begriffe Frauen und Geschlecht sowie Führungspositionen, um die dem Ursachen-Modell zugrundeliegenden Konstrukte zu verdeutlichen. Darauf folgend wird die aktuelle Situation von Frauen in verschiedenen Managementpositionen untersucht, um Aufschluss über das Ausmaß der Unterrepräsentanz zu gewinnen. Die daran anschließende Untersuchung der historischen Entwicklung der Frauenarbeit sowie der Beteiligung von Frauen in Führungspositionen dient als Grundlage für die umfängliche Ursachenanalyse. Hierzu wird ein Ursachen-Modell entwickelt, welches die politischen, sozio-kulturellen sowie ökonomischen und betrieblichen Einflussfaktoren ebenso wie deren Interaktion untereinander unter Berücksichtigung der historischen Entwicklung aufgreift und untersucht. Hierauf folgend werden aktuelle Maßnahmen zur Erhöhung des Frauenanteils in Führungspositionen vorgestellt, um abschließend Handlungsempfehlungen zur Erhöhung des Frauenanteils in Führungspositionen für Politik und Wirtschaft sowie Implikationen für die Wissenschaft ableiten zu können.

Im Folgenden wird aus Gründen der sprachlichen *Vereinfachung* nur die *männliche Form* verwendet.

2 Begriffliche Erläuterungen

Im Folgenden sollen die Begriffe Frauen und Geschlecht sowie Führungspositionen erläutert werden, um so zur Klärung des Verständnisses und der Nachvollziehbarkeit von Zusammenhängen beizutragen. In Kapitel 2.1 werden daher verschiedene Ansätze und Theorien zum Verständnis von Geschlecht aufgezeigt, die differenzierte Perspektiven auf die Verknüpfung von biologischem Merkmal und sozialem Konstrukt liefern. Kapitel 2.2 umfasst die Einordnung von Führungspositionen innerhalb von Organisationsstrukturen sowie den damit verbundenen Merkmalen und Aufgaben.

2.1 Frauen und Geschlecht

Gemäß der World Health Organization (WHO, o.J.) beschreibt der Begriff „Frau“ eine Merkmalsausprägung der Kategorie „Sex“ und damit die biologischen und physiologischen Charakteristiken von Personen. Demgegenüber wird die Kategorie „Gender“ als Beschreibung der sozialen Konstruktion von Rollen, Verhalten, Aktivitäten und Attributen von Menschen differenziert. Die WHO greift damit die in der Soziologie übliche Unterscheidung zwischen biologischem und sozialem Geschlecht auf: „"Sex" refers to the biological and physiological characteristics that define men and women. "Gender" refers to the socially constructed roles, behaviours, activities, and attributes that a given society considers appropriate for men and women.” (ebenda.). Sex als biologische Merkmalskategorie ist demnach über den Lebensverlauf stabil und von Geburt an gegeben. Gender hingegen sei kulturell bedingt, durch Sozialisation erlernt und damit veränderbar (Frey & Dingler, 2001; WHO, o.J.). Insbesondere dem Gender, aus dem Englischen übersetzt mit „Geschlecht, Genus, soziales Geschlecht“ (Dict.cc, o.J.), als soziales Konstrukt unterliegen verschiedene Theorieansätze, vielfältige Verständnisse und Perspektiven (Krell, 2012; Galster, 2010; Wetterer, 2010; Gildemeister, 2010).

Im Folgenden sollen die drei zentralen Konzepte der Gleichheitstheorie, der Differenztheorie sowie der Dekonstruktion vorgestellt werden. Frey und Dingler (2001) verweisen darauf, dass die verschiedenen Konzepte und unterschiedlichen Sichtweisen von Gender nicht aufeinander folgen oder sich zeitlich ablösten, sondern vielmehr nach wie vor nebeneinander bestehen. Diese kulturellen, bzw. sozialen Konstrukte des Geschlechtes basieren teilweise auf der soziologischen Interaktionstheorie und Kulturanthropologie, finden ihren Ursprung aber auch in den Feminismusbewegungen der 1960er bis 1980er Jahre. Hierbei spielt vor allem die Perspektive der Zweigeschlechtlichkeit eine übergeordnete Rolle (Wetterer, 2010).

Gleichheitstheorie

Die Gleichheitstheorie, oder auch Gleichheitsparadigma, folgt der Annahme, dass Frauen und Männer - unabhängig von ihrem biologischem Geschlecht und den damit einhergehenden physiologischen Unterschieden – gleich sind (Henn, 2012; Frey & Dingler, 2001; Nunner-Winkler, 2010; Hyde, 2005; Galster, 2010). Hierzu untersuchte Hyde (2005) in einer umfangreichen Metaanalyse die Unterschiede zwischen Männern und Frauen und konnte hierbei keine signifikanten Differenzen bezüglich psychologischer Merkmale identifizieren. Innerhalb der Gleichheitstheorie werden insbesondere von Vertreterinnen des Liberalfeminismus bestehende (Chancen-) Unterschiede damit begründet, dass Frauen bisher nicht in die Sphären der Männer vordringen konnten und demnach eine Anpassung an männlich geprägte Werte und Normen vollzogen werden sollte (Plumwood, 1990, zitiert nach Frey & Dingler. 2001).

Differenztheorie

Die Differenztheorie postuliert die gegebene Unterschiedlichkeit der Geschlechter. Innerhalb dieses Paradigmas bestehen verschiedene Erklärungsansätze. Zum einen werden die weiblichen Eigenschaften der Sozialisation zugeschrieben, wodurch die Differenz somit konstruiert wird. Zum anderen wird die Auffassung vertreten, dass Geschlechterunterschiede naturgegeben sind, somit das biologische Geschlecht Gender determiniert und damit eine Differenzierung zwischen Sex und Gender überflüssig wird. Insgesamt werden in der Differenztheorie die positiven Merkmale von Weiblichkeit herausgestellt, die als Maß einer gesellschaftlichen Transformation fungieren sollen (Frey & Dingler, 2001).

Dekonstruktion

Die Dekonstruktionstheorie ist hervorgegangen aus geäußerter Kritik an den vorhergenannten Paradigmen. Sie greift die deklarierte Homogenität der Frauen innerhalb der Differenztheorie auf. Demnach werden nicht nur die Differenzen zwischen Männern und Frauen, sondern auch die Unterschiedlichkeit und Vielfältigkeit innerhalb der Frauengruppe hervorgehoben. Ebenso wird die Einseitigkeit der positiv dargestellten weiblichen Merkmale kritisiert, da durch ihre Betonung ebenso ein androzentrischer Diskurs aufgeworfen wird, der im Zuge der männlichen Werte und Normen beanstandet wird. Ein weiterer Bestandteil der Dekonstruktion von Geschlecht ist die Auflösung der Sex-Gender-Differenzierung. Demnach wird das biologische Geschlecht ebenso als eine soziale Konstruktion erachtet (Frey & Dingler, 2001).

Doing Gender

Eine Weiterentwicklung des Dekonstruktionsansatzes stellt das Konzept des „Doing Gender" dar. Hierbei wird die Geschlechtszugehörigkeit nicht als Merkmal oder Eigenschaft von Menschen verstanden, sondern als sozialer Prozess: „Das Herstellen von Geschlecht (doing gender) umfasst eine gebündelte Vielfalt sozial gesteuerter Tätigkeiten auf der Ebene der Wahrnehmung, der Interaktion und der Alltagspolitik, welche bestimmte Handlungen mit der Bedeutung versehen, Ausdruck weiblicher oder männlicher „Natur" zu sein. Wenn wir das Geschlecht (gender) als eine Leistung ansehen, als ein erworbenes Merkmal des Handelns in sozialen Situationen, wendet sich unsere Aufmerksamkeit von Faktoren ab, die im Individuum verankert sind, und konzentriert sich auf interaktive und letztlich institutionelle Bereiche. In gewissem Sinne sind es die Individuen, die das Geschlecht hervorbringen. Aber es ist ein Tun, das in der sozialen Situation verankert ist und das in der virtuellen oder realen Gegenwart anderer vollzogen wird, von denen wir annehmen, dass sie sich daran orientieren. Wir betrachten das Geschlecht weniger als Eigenschaft von Individuen, sondern vielmehr als ein Element, das in sozialen Situationen entsteht: Es ist sowohl das Ergebnis wie auch die Rechtfertigung verschiedener sozialer Arrangements sowie ein Mittel, eine der grundlegenden Teilungen der Gesellschaft zu legitimieren" (West & Zimmermann, 1987, S. 14, zitiert nach Gildemeister, 2010, S.135).

Demnach wird das Geschlecht, bzw. die Geschlechtszugehörigkeit nicht mehr als natürlicher Ausgangspunkt für die Unterscheidung von Männern und Frauen gesehen, sondern als Ergebnis komplexer sozialer Prozesse. Hierzu wurde ein dreigliedriges Differenzierungskonzept aufgestellt (vgl. Tabelle 1).

Tabelle 1: Geschlechtsdifferenzierungskonzept (Eigene Darstellung in Anlehhnung an Gildemeister, 2010, S.138)

Differenzierung	
Sex	Geburtsklassifikation des körperlichen Geschlechts aufgrund der sozial vereinbarten biologischen Kriterien
Sex-category	Soziale Zuordnung zu einem Geschlecht im Alltag aufgrund der sozial geforderten Darstellung einer erkennbaren Zugehörigkeit, welche nicht der Geburtsklassifikation entsprechen muss
Gender	Intersubjektive Validierung in Interaktionsprozessen durch ein situationsadäquates Verhalten und Handeln im Lichte normativer Vorgaben und unter der Berücksichtigung der Tätigkeit, welche der in Anspruch genommenen Geschlechtskategorie angemessen sind

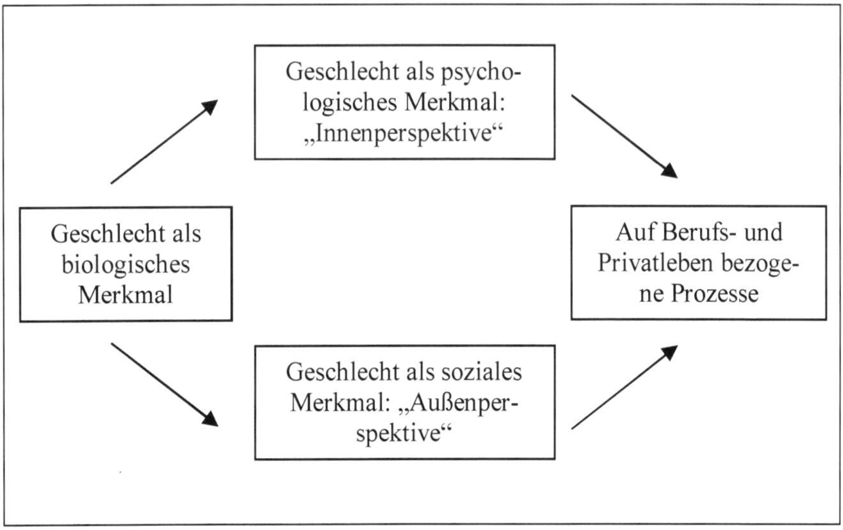

Abbildung 1: Modell des doppelten Einflusses von Geschlecht (Abele, 2013, S. 44)

Abele (2002; 2013) verbleibt mit der Verortung des biologischen Geschlechts als Ausgangspunkt, schlägt hierbei aber die Brücke zum Einfluss von Geschlecht auf die Berufs- und Privatleben bezogenen Prozesse. Ausgehend vom biologischen Merkmal wird zwischen dem Geschlecht als psychologisches („Innenperspektive“) und als soziales („Außenperspektive“) Merkmal unterschieden. Unter der Innenperspektive sind damit das eigene Selbstkonzept, die Ziele, Wünsche und Erwartungen von Individuen zu verstehen. Die Außenperspektive hingegen verknüpft bestimmte weibliche und männliche Rollen- und Eigenschaftenerwartungen, die an Personen gestellt werden.

Die Eigen- und Fremderwartungen beeinflussen demnach die Interaktion und Bewertungen zwischen den Agierenden und üben darüber einen Einfluss auf die Berufs- und Privatleben bezogenen Prozesse aus (Abele, 2002; 2013). Mit dem Modell des doppelten Einflusses von Geschlecht, welches die Dimension Berufsleben inkludiert, werden erste Hinweise auf mögliche sozio-kulturelle Einflussfaktoren auf die Unterrepräsentanz von Frauen in Führungspositionen ersichtlich. Hierzu soll in den Kapitel 5.2.2 und 5.2.3 weiterführend eingegangen werden.

Die verschiedenen Ansätze und Theorien zum Geschlecht konnten aufzeigen, dass unter dem Begriff „Frau“ nicht nur die biologische Merkmalsausprägung, sondern auch differenzierte Perspektiven und soziale Konstrukte zu verstehen sind. So steht hierbei vor allem die Frage nach der Bedeutung von Sozialisationsprozessen, welche die Klassifikation „Gender“ hervorbringen, im

Mittelpunkt der Theorien. Diese zum Teil konträren Ansätze begründen unter anderem Chancenungleichheiten zwischen den Geschlechtern sowie den Einfluss auf den beruflichen Erfolg entweder über die biologische Merkmalsausprägung oder das zugrunde liegende soziale Konstrukt.

2.2 Führungspositionen

Im Rahmen der Analyse zur Unterrepräsentanz von Frauen in Führungspositionen ist es zunächst erforderlich, die Begriffe „Führung" und „Führungsposition" näher zu erläutern. Im Folgenden sollen hierzu die verschiedenen Perspektiven zu Führung aufgezeigt und die damit verbundenen Strukturen von Führungspositionen näher beleuchtet werden. Mit der Beschreibung und Darstellung von Organisations- und Führungsstrukturen soll gleichzeitig ein Grundlagenverständnis für die öffentliche Forderung nach mehr Frauen in Führungspositionen geschaffen werden.

Von Rosenstiel (2009) definiert Führung als die zielbezogene Einflussnahme durch Strukturen und Menschen. Ebenfalls kann Führung dazu noch eine hierarchische Ordnung implizieren: „durch Interaktion vermittelte Ausrichtung des Handelns von Individuen und Gruppen auf die Verwirklichung vorgegebener Ziele; beinhaltet asymmetrische soziale Beziehungen der Über- und Unterordnung" (Gabler Wirtschaftslexikon, o.J. a).

Synonym zur Führung wird teilweise auch der Begriff „Management" genutzt. Insbesondere werden Manager als Führungskräfte und Management als Unternehmensführung verstanden. Verbunden mit dem Führungs- bzw. Managementbegriff ergeben sich verschiedene Perspektiven zum Verständnis von Führung. Hierbei kann nach Funktionen, Institutionen und Instrumenten von Führung differenziert werden (Becker, 2011; Steinmann, Schreyögg, & Koch, 2013). Tabelle 2 veranschaulicht diese drei Perspektiven.

Unter Führung als „Institution" werden die Träger der Unternehmensführung, bzw. der Willensbildungszentren verstanden. Sie umfassen die Gremien und Einzelpersonen (Instanzen und Stellen), die Leitungsaufgaben wahrnehmen. Die Personen, die diese Instanzen und Stellen bekleiden, werden als Führungskräfte oder Manager bezeichnet. Die Perspektive „Funktion" umfasst die Leitungsaufgaben und Tätigkeiten, die mit Führung und damit mit Führungspositionen einhergehen. Die Aufgaben der Führungskräfte hängen dabei stark von dem zu leitenden Unternehmensbereich, der Hierarchieebene und der Größe der Organisationseinheit ab. Grundsätzlich beinhalten sie die sachlichen Tätigkeiten der Willensdurchsetzung und -sicherung (Veranlassung der Durchsetzung, Steuerung und Kontrolle) sowie personenbezogene Aufgaben der Personalführung. Ausführungsaufgaben werden demgegenüber von nachrangigen Hierarchie-

Tabelle 2: Perspektiven von Führung (Eigene Darstellung in Anlehnung an Becker, 2011, S. 24)

Institution	Gremien	• Vorstand • Geschäftsleitung • Bereichsleitung
	Einzelpersonen	• Unternehmer/in • Manager/in • Leitende/r Angestellte/r • Top-, Middle- Lower-Manager/in
Funktion	Information, Planung, Organisation, Kontrolle, Personal	
Instrument	Methoden, Verfahren, Modelle	

ebenen ausgeführt (Becker, 2011; von Werder, 2005). Abbildung 2 zeigt abschließend noch einmal den Zusammenhang zwischen den Institutionen und Aufgaben auf.

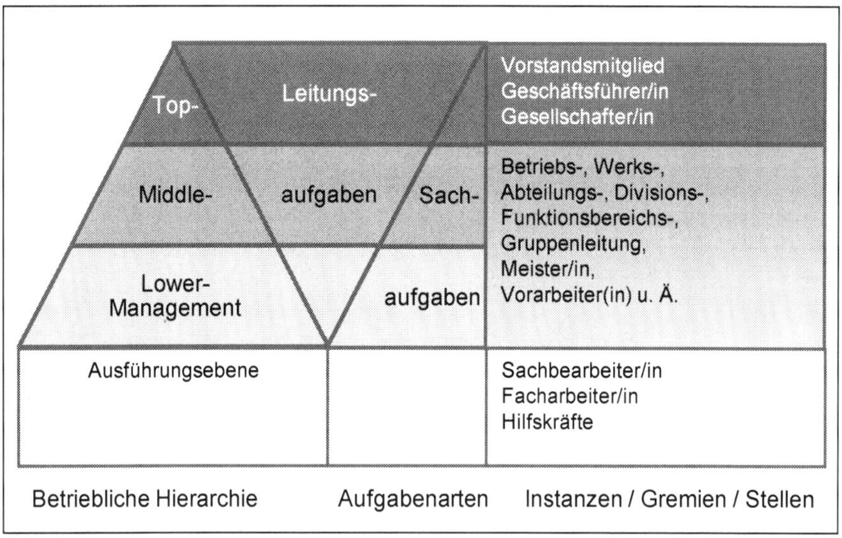

Abbildung 2: Hierarchische Arbeitsteilung (Becker, 2011, S. 26)

Die innerbetrieblichen (Macht-)Hierarchien werden im Allgemeinen nach Top-, Middle- und Lower-Management differenziert. Zum Top-Management (auch als Spitzenpositionen bezeichnet) zählen insbesondere Vorstands-, Geschäftsführer- und Gesellschafterpositionen; ihnen obliegen die Gesamtunternehmensführung mit ausschließlicher Leitungsfunktion sowie die Übernahme der Unternehmensverantwortung. Mit abnehmender Hierarchieebene sinken die uneingeschränkten Leitungsaufgaben zu Gunsten von Sachaufgaben (Becker, 2011; Doppler K. , 2002).

Die dritte Perspektive „Instrument“ beinhaltet die möglichen Führungsmethoden, -verfahren und –modelle, die Führungskräfte zur Erfüllung ihrer Aufgaben und Ziele zur Verfügung stehen. Hierzu zählen beispielsweise Planungsmethoden, Gesprächsführungstechniken oder Management-Informationssysteme (Becker, 2011).

Die öffentlichen und zum Teil auch politischen Forderungen nach mehr Frauen in Führungspositionen beziehen sich vor allem auf das Top-Management und Spitzenpositionen in der Wirtschaft. Hierbei steht insbesondere die Erhöhung des Anteils von Frauen in Aufsichtsräten großer deutscher Aktiengesellschaften im Vordergrund gegenwärtiger Diskussionen (Schwesig, 2014; BMFSFJ, 2010; 2011a; Deutscher Juristinnenbund e.V., 2013; Holst & Kirsch, 2014a; FidAR Frauen in die Aufsichtsräte e.V., 2014a). Daher sollen im Folgenden insbesondere Strukturen und Aufgaben ausgewählter Spitzenpositionen in deutschen Aktiengesellschaften kurz näher beleuchtet werden, um so zum Verständnis der aktuellen Forderungen beizutragen.

Die Gremienstruktur deutscher Unternehmen folgt grundsätzlich der Rechtsform der Unternehmung. Die gewählte Rechtform wirkt sich so auf die Zahl, die Art, die Kompetenzen und die Besetzung der einflussbefugten Gremien und Instanzen aus (von Werder, 2005). Abbildung 3 zeigt eine Übersicht ausgewählter deutscher Rechtsformen. Es wird ersichtlich, dass sich ein Gros der Diskussion über mehr Frauen in Führungspositionen auf einen kleinen Teil innerhalb der vielfältigen Unternehmenslandschaft konzentriert.

Die dreigliedrige Gremienstruktur deutscher Aktiengesellschaften setzt sich aus der Hauptversammlung als Organ der Aktionäre, dem Vorstand als Geschäftsführungsgremium und dem Aufsichtsrat als Überwachungsorgan zusammen. Die Hauptversammlung beschließt namentlich über die Benennung des Aufsichtsrates, die Verwendung des Bilanzgewinns, die Entlastung der Mitglieder von Vorstand und Aufsichtsrat, Satzungsänderungen, Kapitalmaßnahmen sowie Auflösung der Gesellschaft. Der Vorstand ist für die kontinuierliche Unternehmensführung verantwortlich. Insbesondere in größeren Unternehmen werden diese Leitungsaufgaben auf verschiedene Ressorts aufgeteilt. Zudem ist der Vorstand für die Vertretung der Aktiengesellschaft nach außen zuständig. Im

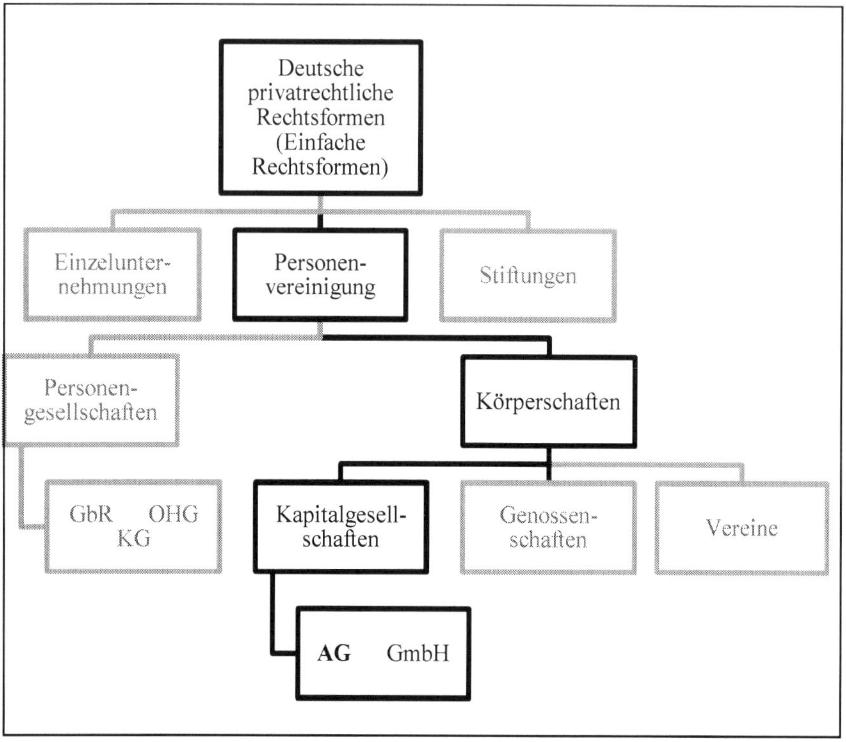

Abbildung 3: System der Rechtsformen ausgewählter deutscher Unternehmen mit einfacher Rechtsform (Eigene Darstellung in Anlehnung an von Werder, 2005, S. 52)

Gegensatz dazu ist die aktive Geschäftsführung durch den Aufsichtsrat unzulässig und schließt damit etwaige Weisungsbefugnisse aus. Zu den Hauptaufgaben des Aufsichtsrates zählen Bestellung, Beratung und Kontrolle des Vorstandes. Zudem hat der Aufsichtsrat Mitbestimmungsrechte in Bezug auf bedeutsame Änderungen der Unternehmensziele, strategische Neuausrichtungen und massive Aufstockungen oder Reduzierungen von Mitarbeitern. Die Anzahl der Aufsichtsratsmitglieder bemisst sich entweder nach der Höhe des Grundkapitals der Aktiengesellschaft oder nach Anzahl der Mitarbeiter im Unternehmen. Hierbei kann zudem die Besetzung des Aufsichtsrates durch Arbeitnehmervertreter erforderlich sein (Becker, 2011).

Auch wenn mit den Tätigkeiten des Aufsichtsrates nicht ausschließlich originäre Führungsaufgaben verbunden sind, gehören sie dennoch mit zu den Spitzenpositionen in der Wirtschaft. Mit ihnen sind - sowie mit Führungspositionen im Allgemeinen - verschiedene Merkmale und Erwartungen wie höheres Gehalt, beruflicher Erfolg, Status und Prestige sowie Macht verknüpft (Judge, Higgins, Thoresen, & Barrick, 1999; Boudreau, Boswell, & Judge, 1999; Seibert & Kraimer, 2001; Hülsheger & Maier, 2008).

Aus Sicht der Autorin beschreiben Führungspositionen damit nicht nur den Rang in der hierarchischen Organisationsstruktur, sondern sind darüber hinaus durch die Übernahme von Verantwortung, speziellen Führungsaufgaben sowie sozialem Status gekennzeichnet. Auch wenn sich ein Gros der Diskussion und die damit verbundenen Forderungen nach mehr Frauen in Führungspositionen vor allem auf einen kleinen Anteil von Unternehmen beziehen, haben diese Gesellschaften dennoch einen repräsentativen Charakter für die deutsche Wirtschaft. Auch der spezielle Fokus auf die Erhöhung der Anzahl von Frauen in Aufsichtsräten kann langfristig dazu beitragen, insgesamt mehr Frauen in Führungspositionen zu bringen. Denn mittels der Bestellung der Vorstände durch die (weiblichen) Aufsichtsratsmitglieder sind der Einfluss und die Möglichkeit gegeben, die Zusammensetzung der Unternehmensleitung nachhaltig mitzugestalten und so insgesamt eine Strukturveränderung im Unternehmen herbeizuführen.

3 Status quo: Zur aktuellen Situation von Frauen in Führung

Das folgende Kapitel soll Aufschluss darüber geben, wie sich die Unterrepräsentanz von Frauen in Führungspositionen aktuell darstellt. Hierzu wird in Kapitel 3.1 zunächst eine Bemessungsgrundlage geschaffen, um eine adäquate Beurteilung über eine mögliche Unterrepräsentanz überhaupt vollziehen zu können. In Kapitel 3.2 erfolgt eine ausführliche Analyse der Frauenbeteiligung im Top-Management der deutschen Wirtschaft, um damit vor allem der öffentlichen und politischen Diskussion Rechnung zu tragen. In den folgenden Kapiteln 3.3 und 3.4 soll darüber hinaus aber auch der Repräsentanz von Frauen in generellen Managementpositionen und in Führungspositionen des öffentlichen Sektors Beachtung geschenkt werden, um so ein ganzheitlicheres Bild zur aktuellen Situation von Frauen in Führung zu erhalten.

3.1 Die Unterrepräsentanz

In Bezug auf das Bildungsniveau haben die Frauen in den letzten Jahrzehnten die Männer ein- und sogar überholt. 50 Prozent aller Studienanfänger sind Frauen und diese erreichen im Vergleich zu den Männern öfter einen Abschluss (BMFSFJ, 2005; Berghahn, 2011). Eine fehlende Fachkompetenz vermag den Mangel an Frauen in höheren Management- und Führungspositionen daher nicht zu erklären. Diese - vor allem in jüngster Zeit - häufig diskutierte Unterrepräsentanz folgt jedoch keiner einheitlichen Definition (Bischoff, 2010).

Auch die bisherigen Maßnahmen von Politik und Wirtschaft (vgl. hierzu weiterführend Kapitel 5.2), wie beispielsweise die Selbstverpflichtung der Privatwirtschaft zur Förderung der Chancengleichheit von Frauen und Männern im Jahr 2001, beinhalteten keine konkreten Zielvorgaben und zeigten damit auch nicht die gewünschte Wirkung einer deutlichen Erhöhung des Frauenanteils in Führungspositionen (Holst & Wiemer, 2010a; BMFSFJ, 2011a).

Erst mit Beschluss des Koalitionsvertrages zwischen CDU, CSU und SPD (2013) zur 18. Legislaturperiode Ende 2013 wurde eine verbindliche Zielsetzung für eine gesetzliche Frauenquote im Regierungsprogramm der Bundesregierung festgelegt (vgl. hierzu insbesondere Kapitel 5.2.1).

Somit kann aus der Festsetzung der Geschlechterquoten und dementsprechend auf Basis des geforderten Frauenanteils von 30 Prozent in Aufsichtsräten von mit-bestimmungspflichtigen und börsennotierten Unternehmen indirekt eine

Tabelle 3: Repräsentanz von Frauen in den verschiedenen Formen der Erwerbstätigkeit (Eigene Darstellung in Anlehnung an Bundesagentur für Arbeit, 2012, S. 8)

Art der Beschäftigung	Zahl der Erwerbstätigen	Zahl weiblicher Erwerbstätige	Frauenanteil
Sozialversicherungspflichtig Beschäftigte	28.381.000	13.055.260	46 %
Ausschließlich geringfügig entlohnt Beschäftigte	4.894.000	3.230.040	66 %
Selbstständige und mithelfende Angehörige	4.148.000	1.410.320	34 %
Beamte/Beamtinnen	2.083.000	833.200	40 %
Arbeitsgelegenheiten	166.000	68.060	41 %

politisch definierte Grenze für die Unterrepräsentanz von Frauen in Führungspositionen abgeleitet werden. Insbesondere für die Top-Managementpositionen soll daher im Folgenden ein Frauenanteil von weniger als 30 Prozent als Richtwert für die Feststellung einer Unterrepräsentanz gelten. Dennoch sollte die Zielvorgabe der Bundesregierung nur als Mindestsollwert interpretiert werden. Denn unter Berücksichtigung der Erwerbsstrukturen sowie insbesondere der geschlechtlichen Zusammensetzung der sozialversicherungspflichtig Beschäftigten in Deutschland insgesamt wird deutlich, dass eine ausgewogene Repräsentanz von Frauen in Führungspositionen erst bei einem deutlich höheren Anteil vorliegt. Gemäß der Arbeitsmarktberichterstattung der Bundesagentur für Arbeit (2012) waren bereits im Jahr 2011 46 Prozent der sozialversicherungspflichtig Beschäftigten weiblich (vgl. Tabelle 3).

Folglich ergäbe sich damit in Anlehnung an den Frauenanteil der sozialversicherungspflichtig Beschäftigten erst mit 46 Prozent ein annähernd gleich hoher Anteil von Frauen in Führungspositionen insgesamt, um Erwerbsstrukturen deutscher Unternehmen im Management adäquat zu repräsentieren.

Im Folgenden sollen nun verschiedene Führungsebenen privater sowie öffentlicher Unternehmen auf deren Frauenanteil in Führungspositionen untersucht werden. Ziel ist es, fundierte Erkenntnisse über die aktuelle Frauenbeteiligung im Management zu gewinnen und so die Reichweite der Unterrepräsentanz beurteilen zu können.

3.2 Frauen in Top-Managementpositionen in der Wirtschaft

Seit 2011 ermittelt der Verein FidAR Frauen in die Aufsichtsräte e.V. (2014a) mittels des von ihm eingeführten Women-On-Board-Index die Frauenbeteiligung in Top-Managementpositionen innerhalb der 160 größten deutschen Aktiengesellschaften (nach Börsenumsatz und Marktkapitalisierung). Hierzu werden die 30 im DAX, jeweils 50 im MDAX und im SDAX sowie die 30 im TecDAX gelisteten Unternehmen insbesondere in Hinblick auf die Zusammensetzung ihrer Aufsichtsräte und Vorstände untersucht. Mit dem Women-On-Board-Index 2014 konnte zum wiederholten Male aufgezeigt werden, dass Frauen in den Spitzengremien der deutschen Aktiengesellschaften deutlich unterrepräsentiert sind. Tabelle 4 zeigt zunächst den Anteil von Frauen in den Aufsichtsräten der 160 größten DAX-, MDAX-, SDAX- und TecDAX-Unternehmen.

Nur 17,24 Prozent der Aufsichtsratsmitglieder der 160 größten deutschen Aktiengesellschaften sind weiblich, wobei hiervon nur vier Frauen die Position als Aufsichtsratsvorsitzende bekleideten. Insgesamt wurden 151 weibliche Aufsichtsräte durch die Arbeitnehmervertreterseite gestellt und lediglich 135 durch die Hauptversammlung auf Anteilseignerseite berufen. 2013 konnte zudem kein gesteigertes Engagement zur Erhöhung des Frauenanteils auf Seiten der Anteilseigner verzeichnet werden. So wurden nur 57 der insgesamt 360 neu zu besetzenden Aufsichtsratspositionen der 160 größten Aktiengesellschaften durch Frauen besetzt. Somit wird gemäß FidAR Frauen in die Aufsichtsräte e.V. (2014a) die Wirksamkeit der laufenden Maßnahmen zur Steigerung des Frauenanteils in die Aufsichtsräte deutlich in Frage gestellt. Lediglich in den 30 größten DAX-gelisteten Unternehmen lag die Neubesetzungsquote bei über 25 Prozent (vgl. Tabelle 5).

Tabelle 4: Anteil Frauen im Aufsichtsrat von DAX-, MDAX-, SDAX- und TecDAX-Unternehmen (Eigene Darstellung in Anlehnung an FidAR Frauen in die Aufsichtsräte e.V., 2014a, S. 15)

	Anzahl Aufsichtsräte gesamt	**Frauen in Aufsichtsratspositionen**	**Prozentualer Anteil von Frauen**	**Weibliche Aufsichtsräte von Seite der Anteilseigner**	**Weibliche Aufsichtsräte von Seite der Arbeitnehmervertreter**
Gesamt	**1659**	**286**	**17,24 %**	**135**	**151**
DAX	488	106	21,72 %	45	61
MDAX	592	98	16,55 %	48	50
SDAX	374	48	12,83 %	26	22
TecDAX	205	34	16,59 %	16	18

Tabelle 5: Anteil Frauen bei Aufsichtsratswahlen der DAX-, MDAX-, SDAX- und TecDAX-Unternehmen (Eigene Darstellung in Anlehnung an FidAR Frauen in die Aufsichtsräte e.V., 2014a, S. 19)

	Anzahl der neu berufenen Aufsichtsräte	**Anzahl der neu berufenen Frauen in Aufsichtsratspositionen**	**Anteil der neu berufenen Frauen in Aufsichtsratspositionen**
Gesamt	360	57	15,83 %
DAX	79	20	25,32 %
MDAX	139	21	15,11 %
SDAX	91	9	9,89 %
TecDAX	51	7	13,73 %

Noch deutlich frappierender als der Mangel an Frauen in Aufsichtsräten ist die Unterrepräsentanz von Frauen in Vorstandspositionen der größten Aktiengesellschaften. FidAR Frauen in die Aufsichtsräte e.V. (2014a) zeigt durch den von ihm veröffentlichten Women-On-Board-Index auf, dass die großen Unternehmen von einer gleichberechtigten Teilhabe der Frauen an den Spitzenpositionen in der Wirtschaft noch weit entfernt sind. So sind Anfang 2014 lediglich knapp sechs Prozent der Vorstände weiblich (vgl. Tabelle 6). Darüber hinaus ist kein Vorstandsvorsitz durch eine Frau besetzt.

Neben der geringen Beteiligung von Frauen an Spitzenpositionen insgesamt zeigt sich diese auch im Speziellen bei einzelnen Unternehmen. So haben 32 der untersuchten Unternehmen und damit ein Anteil von 20 Prozent weder im Aufsichtsrat noch im Vorstand eine Frau vertreten (FidAR Frauen in die Aufsichtsräte e.V., 2014a).

Tabelle 6: Anteil Frauen im Vorstand von DAX-, MDAX-, SDAX- und TecDAX-Unternehmen (Eigene Darstellung in Anlehnung an FidAR Frauen in die Aufsichtsräte e.V., 2014a, S. 20)

	Anzahl Vorstandsmitglieder	**Anzahl Frauen in Vorstandspositionen**	**Anteil von Frauen in Vorstandspositionen**
Gesamt	**652**	**39**	**5,98 %**
DAX	186	12	6,45 %
MDAX	201	8	3,98 %
SDAX	170	13	7,65 %
TecDAX	95	6	6,32 %

Tabelle 7: Frauen in Aufsichts- und Verwaltungsräten in den 200 (100) größten Unternehmen ohne Finanzsektor (Eigene Darstellung in Anlehnung an Holst und Kirsch, 2014a, S. 20)

	Top-200-Unternehmen	**Top-100-Unternehmen**
Anzahl Unternehmen mit Angabe zur Zusammensetzung des Aufsichts-/ Verwaltungsrates	157	86
Davon Unternehmen mit Frauen im Aufsichts-/ Verwaltungsrat	123	71
Anteil in Prozent	78,3	82,6
Aufsichts-/ Verwaltungsratsmitglieder insgesamt	2159	1231
Anzahl der Frauen mit Aufsichts-/ Verwaltungsratsposition	325	157
Anteil Frauen mit Aufsichts-/ Verwaltungsratsposition in Prozent	**15,1**	**15,2**
Vorsitze insgesamt	160	87
Anzahl der vorsitzenden Frauen	4	3
Anteil der Frauen in Prozent	2,5	3,4

Auch in den Aufsichts- und Verwaltungsgremien der 200, bzw. 100 größten deutschen Unternehmen unabhängig der Rechtsform (ohne Finanzsektor) zeigt sich ein ähnliches Bild, wie die Untersuchung von Holst und Kirsch (2014a) deutlich macht. Ebenso dominiert hier die Anzahl der Männer in den Spitzenpositionen der größten Gesellschaften. 157 der Top-200-Unternehmen und 87 der Top-100-Unternehmen machten Angaben zu der Zusammensetzung ihrer Aufsichtsräte, bzw. besaßen einen. Insgesamt lag hier der Anteil der Frauen Ende 2013 lediglich bei knapp über 15 Prozent und damit noch unter dem Anteil der Frauen in Aufsichtsräten deutscher Aktiengesellschaften (vgl. Tabelle 7).

Auch die Beteiligung von Frauen an Vorstandspositionen und Geschäftsführungen der 200, bzw. 100 größten deutschen Unternehmen zeugt nicht von einer gleichberechtigten Teilhabe an Spitzenpositionen. Wie aus Tabelle 8 hervorgeht, lag der Anteil von Frauen in höchster Leitungsposition der größten Unternehmen ohne Berücksichtigung des Finanzsektors Ende 2013 bei unter 5 Prozent. Zudem wiesen 82,1 Prozent der Top-200-Unternehmen gar keine Frau in einer Vorstands- oder Geschäftsführungsposition auf (Holst & Kirsch, 2014a).

Tabelle 8: Frauen in Vorständen und Geschäftsführungen in den größten 200 (100) Unternehmen ohne Finanzsektor (Eigene Darstellung in Anlehnung an Holst und Kirsch, 2014a, S. 20)

	Top-200-Unternehmen	**Top-100-Unternehmen**
Anzahl Unternehmen mit Angabe zur Zusammensetzung des Vorstandes / Geschäftsführung	195	97
Davon Unternehmen mit Frauen im Vorstand / Geschäftsführung	35	19
Anteil in Prozent	17,9	19,6
Vorstandsmitglieder / Geschäftsführer insgesamt	906	484
Anzahl der Frauen mit Vorstands- / Geschäftsführerposition	40	23
Anteil Frauen mit Vorstands- / Geschäftsführerposition in Prozent	**4,4**	**4,8**
Vorsitze insgesamt	194	97
Anzahl der vorsitzenden Frauen	4	1
Anteil der Frauen in Prozent	2,1	1,0

Insbesondere in der Finanzbranche zeichnet sich, gemessen am Anteil der Frauen an den sozialversicherungspflichtig Beschäftigten mit über 55 Prozent, ein deutlicher Mangel an Frauen in den Spitzenpositionen ab. In vielen Branchen mit überdurchschnittlichem Frauenanteil in der Belegschaft (vgl. hierzu auch Abbildung 5) sind - im Gegensatz zum Finanzsektor - deutlich häufiger Frauen in den obersten Führungsgremien zu finden (Holst & Kirsch, 2014b). So erscheint ein Frauenanteil in Aufsichts- und Verwaltungsräten im Banken- und Sparkassenbereich mit 17,2 Prozent und in der Versicherungsbranche mit nur 16,3 Prozent vergleichsweise besonders niedrig (vgl. Tabelle 9).

Ebenso wie in den Aktiengesellschaften und den Top-200-Unternehmen zeigt sich die Männerdominanz vor allem in der Betrachtung der Vorstandsbeteiligung. Trotz der hohen Beschäftigung von Frauen innerhalb des Finanzsektors sind Ende 2013 lediglich 6,3 Prozent der Vorstände und Geschäftsführer von Banken und Sparkassen weiblich. Können noch 89 Prozent der Banken und 83,3 Prozent der Versicherungen eine Frau im Aufsichtsrat aufweisen, haben dagegen nur 24 Prozent der Kreditinstitute und weniger als die Hälfte der Versicherungen ein weibliches Vorstandsmitglied (Holst & Kirsch, 2014b).

Tabelle 9: Frauen in Aufsichts- und Verwaltungsräten von Banken, Sparkassen und Versicherungen (Eigene Darstellung in Anlehnung an Holst und Kirsch, 2014b, S. 35)

	Banken und Sparkassen	**Versicherungen**
Unternehmen insgesamt	100	60
Davon mit Frauen im Aufsichts- /Verwaltungsrat	89	50
Anteil in Prozent	89,0	83,3
Aufsichts- / Verwaltungsratsmitglieder insgesamt	1485	683
Anzahl der Frauen mit Aufsichts- / Verwaltungsratsposition	255	111
Anteil Frauen mit Aufsichts- / Verwaltungsratsposition in Prozent	**17,2**	**16,3**
Vorsitze insgesamt	100	60
Anzahl der vorsitzenden Frauen	3	1
Anteil der Frauen in Prozent	3,0	1,7

Tabelle 10: Frauen im Vorstand von Banken, Sparkassen und Versicherungen (Eigene Darstellung in Anlehnung an Holst und Kirsch, 2014b, S. 35)

	Banken und Sparkassen	**Versicherungen**
Unternehmen insgesamt	100	60
Davon mit Frauen im Vorstand / Geschäftsführung	24	29
Anteil in Prozent	24,0	48,3
Vorstandsmitglieder insgesamt	396	396
Anzahl der Frauen mit Vorstandsposition	25	34
Anteil Frauen mit Vorstandsposition in Prozent	**6,3**	**8,6**
Vorsitze insgesamt	100	60
Anzahl der vorsitzenden Frauen	3	1
Anteil der Frauen in Prozent	3,0	1,7

Die Analyse zur Repräsentanz von Frauen in Führungspositionen im Top-Management verdeutlicht eindringlich, dass zurzeit ein deutlicher Männerüberhang in den obersten Führungsebenen deutscher Unternehmen dominiert. Erreichen Frauen in den Aufsichts- und Verwaltungsgremien der größten Unternehmen noch bis zu 17 Prozent Beteiligung, sind Frauen in den Vorstands- und Geschäftsführerebenen absolute Seltenheit. Hier erreichen Frauen weder den von der Politik geforderten Anteil von 30 Prozent innerhalb der Spitzenpositionen, noch spiegeln sie die Geschlechterstrukturen der Erwerbstätigkeit (vgl. Tabelle 3) wider. Insgesamt lässt sich konstatieren, dass nahezu 50 Prozent der Beschäftigten weiblich sind, jedoch demgegenüber nur ein geringer Prozentsatz für die Unternehmensführung verantwortlich ist. Damit repräsentiert die Zusammensetzung der Führungsgremien nicht in angemessenem Maße die Arbeitnehmerstrukturen. Von gleichberechtigter Teilhabe und Chancengleichheit sind die größten Unternehmen damit noch deutlich entfernt.

3.3 Frauen in Managementpositionen in der Wirtschaft

Gleichwohl das Top-Management der größten deutschen Unternehmen sehr mächtige Hierarchieebenen vereint, stellt es damit aber auch gleichzeitig nur ein kleines Segment der Führungspositionen innerhalb der Unternehmen in Deutschland dar. Daher gilt es, ebenso das mittlere Management sowie kleinere Unternehmen zu berücksichtigen und deren vorhandene Führungspositionen auf die Repräsentanz von Frauen zu untersuchen.

Auf Grundlage der Arbeitskräfteerhebung zur Erfassung des Erwerbsstatus wurde durch das Statistische Bundesamt für das Jahr 2012 der Frauenanteil in Führungspositionen ermittelt. Zu den erfassten Positionen in nicht akademischen Berufen zählten die Geschäftsführung kleiner Unternehmen, die Geschäftsführung oder Bereichsleitung großer Unternehmen sowie leitende Positionen im Verwaltungsdienst. Insgesamt konnte hier ein Frauenanteil von 28,6 Prozent verzeichnet werden. Nur unwesentlich höher fällt das Ergebnis für weibliche Führungskräfte in akademischen Berufen aus. Bei Ärzten, Juristen, Lehrern oder Sozialwissenschaftlern lag der Frauenanteil in Führungspositionen bei 29 Prozent (Statistisches Bundesamt, 2012).

Auch die 2010 im sozio-ökonomischen Panel ermittelten Daten weisen nur eine unwesentlich höhere Beteiligung von Frauen in Managementpositionen auf. Von insgesamt 22,8 Mio. abhängig Beschäftigten im Erhebungsjahr war fast die Hälfte der Arbeiter und Angestellten weiblich (48 Prozent). Mit einem Anteil von 57 Prozent allein unter den Angestellten überwiegt hier sogar bereits der Frauenanteil. Demgegenüber waren aber auch hier lediglich 30 Prozent der Führungskräfte weiblich. Hierbei wurden Führungskräfte mit umfassenden Füh-

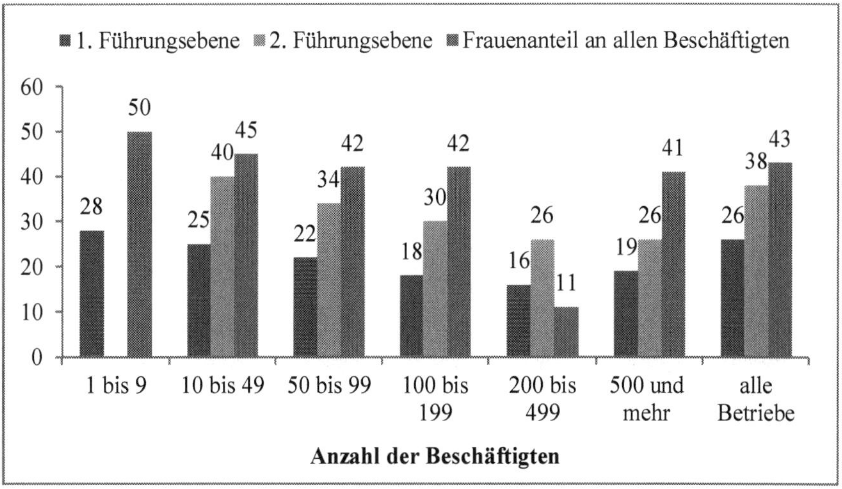

Abbildung 4: Frauenanteil auf erster und zweiter Führungsebene sowie an allen Beschäftigten nach Betriebsgröße (Eigene Darstellung in Anlehnung Kohaut und Möller, 2013, S. 2)

rungsaufgaben (Direktoren, Geschäftsführer und Vorstände größerer Betriebe und Verbände) sowie Führungskräfte mit sonstigen Leitungsfunktionen oder hochqualifizierten Tätigkeiten (Abteilungsleiter, wissenschaftliche Angestellte und Ingenieure) erfasst (Holst, Busch, & Kröger, 2012).

Durch das Institut für Arbeitsmarkt- und Berufsforschung wurde mittels des IAB-Betriebspanels in seiner jährlichen umfangreichen Arbeitgeberbefragung für das Jahr 2012 ein Gesamtfrauenanteil über alle Betriebe hinweg von 43 Prozent ermittelt. Demgegenüber standen ein Frauenanteil von 26 Prozent in erster und 38 Prozent in zweiter Führungsebene. Die Analyse der Frauenanteile in Führungspositionen nach Betriebsgröße auf Basis der Beschäftigtenzahl gemäß Abbildung 4 zeigt auf, dass Frauen vor allem in kleineren Betrieben Führungspositionen bekleiden (Kohaut & Möller, 2013).

Insgesamt liegt der Frauenanteil in kleineren Unternehmen – insbesondere in denen mit weniger als 49 Beschäftigten – etwas über dem Gesamtdurchschnitt. Vor allem in Betrieben mit 10 bis 49 Mitarbeitern sind überdurchschnittlich viele Frauen in zweiter Führungsebene vertreten. Aber auch unabhängig von der Unternehmensgröße sind im Ganzen deutlich mehr Frauen auf der zweiten als auf der ersten Führungsebene tätig (Kohaut & Möller, 2013).

Die Analyse des weiblichen Führungskräfteanteils nach Branchen spiegelt zum Teil auch die Ergebnisse der Untersuchung nach Unternehmensgröße wider.

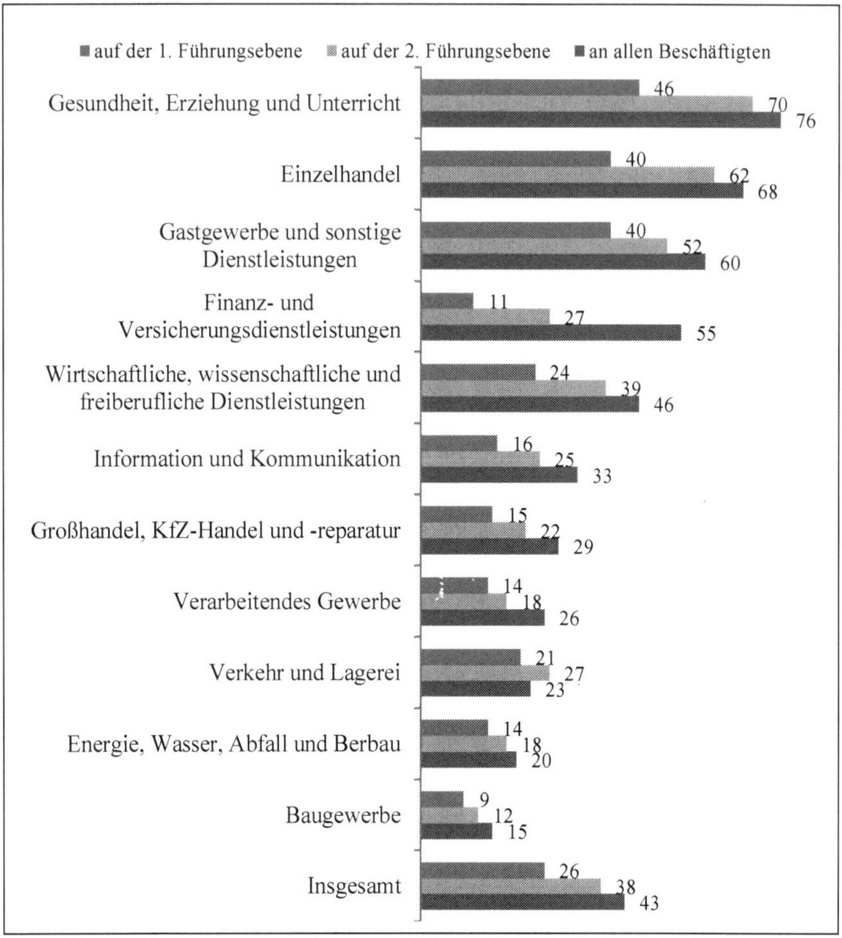

Abbildung 5: Frauenanteil auf erster und zweiter Führungsebene sowie an allen Beschäftigten in Prozent (Kohaut und Möller, 2013, S. 4)

Insbesondere in Branchen mit einem hohen Frauenanteil an allen Beschäftigten steigt der Frauenanteil in Führungspositionen. Aber auch hier zeigt sich die geringe Führungsbeteiligung der Frauen in der Branche der Finanz- und Versicherungsdienstleistungen. Einen besonders hohen weiblichen Führungsanteil – vor allem auf der zweiten Führungsebene – weisen die Branchen mit einem ohnehin hohen Frauenanteil an allen Beschäftigten von über 50 Prozent auf, wie Gesundheit, Erziehung und Unterricht, Einzelhandel sowie Gastgewerbe und sonstige Dienstleistungen (vgl. Abbildung 5) (Kohaut & Möller, 2013).

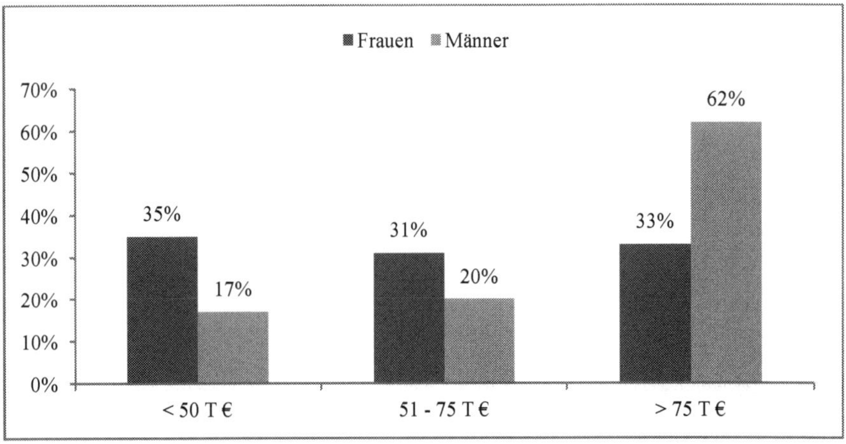

Abbildung 6: Bruttojahresgehalt weiblicher und männlicher Führungskräfte in 2008 (Eigene Darstellung in Anlehnung an Bischoff, 2010, S. 26)

Eine umfassende Langzeitstudie von 1986 bis 2008 zur jeweilig aktuellen Gesamtsituation von Frauen in Führungspositionen legt Bischoff (2010) vor. Neben einer repräsentativen Stichprobe zur Anzahl von weiblichen Führungskräften in verschiedenen Hierarchieebenen wurden regelmäßig auch die Arbeitssituation, der Karriereverlauf, das familiäre Umfeld sowie Einstellungen von weiblichen Führungskräften erhoben. Die Studie zeigt damit unter anderem auch auf, in welchen Aufgabenbereichen Frauen innerhalb der Unternehmen führen. Demnach weisen einen vergleichsweise hohen Frauenanteil in Führungspositionen das Personalwesen (25 Prozent), der Bereich Finanzen/Rechnungswesen/Controlling (25 Prozent) sowie das Marketing (22 Prozent) und der Bereich Werbung/PR/Kommunikation (20 Prozent) auf. Schon deutlich weniger weibliche Führungskräfte beteiligen sich an der Führung im Vertrieb/Verkauf (13 Prozent) und im Bereich Einkauf/Material/Logistik (8 Prozent). Besonders gering ist der Frauenanteil in den Bereichen EDV/IT (5 Prozent), Produktion (1 Prozent) sowie Forschung und Entwicklung (1 Prozent).

Ebenso zeichnen sich deutliche Gehaltsunterschiede zwischen weiblichen und männlichen Führungskräften ab. Frauen haben gegenüber ihren männlichen Kollegen deutlich häufiger Jahresgehälter unter 75.000 Euro. Diese Grenze, von Bischoff (2010) als „geschlechtsspezifische Gehaltsschwelle" bezeichnet, wurde lediglich von 33 Prozent der befragten weiblichen Führungskräfte überschritten (vgl. Abbildung 6).

Die Differenzen in den Gehaltsstrukturen spiegeln damit die Verteilung von Frauen und Männern in den ersten und zweiten Führungsebenen wider. Dennoch werden mit ihnen auch die, mit der geringen Repräsentanz von Frauen in Führungspositionen einhergehenden, Benachteiligungen ersichtlich. Neben der geringeren Führungsbeteiligung haben Frauen deutlich geringere Chancen auf ein höheres Einkommen.

3.4 Frauen in Managementpositionen im öffentlichen Sektor

Weit weniger diskutiert als der Frauenanteil in Führungspositionen in der Privatwirtschaft wird die weibliche Führungsbeteiligung im öffentlichen Sektor. Dieser Bereich wird durch das Bundesgleichstellungsgesetz, verschiedene Ländergleichstellungsgesetze sowie den Public Corporate Governance Kodex des Bundes deutlich stärker reguliert, als zurzeit die freie Wirtschaft. Diese Regelungen sehen in den meisten Fällen eine geschlechterparitätische Besetzung von Gremien vor, um eine gleichberechtigte Teilhabe von Männern und Frauen sicherzustellen (Kohaut & Möller, 2013; FidAR Frauen in die Aufsichtsräte e.V., 2014b). Trotz des insgesamt hohen Frauenanteils an allen Beschäftigten mit 60 Prozent weist auch der öffentliche Sektor eine verhältnismäßig geringe Beteiligung von Frauen in Führungspositionen auf (Kohaut & Möller, 2013).

FidAR Frauen in die Aufsichtsräte e.V. (2014b) hat mit seinem Public Women-on-Board-Index 2014 zum ersten Mal eine umfangreiche Studie zum Frauenanteil in Aufsichtsratsgremien und Top-Managementorganen der 225 größten öffentlichen Unternehmen vorgelegt. Die Analyse umfasst damit alle Unternehmen mit unmittelbarer Beteiligung des Bundes über 50 Prozent der Gesellschaftsanteile, die jeweils fünf gemessen an der Bilanzsumme größten Unternehmen pro Bundesland und pro Landeshauptstadt sowie die jeweils zehn größten Unternehmen der Stadtstaaten, an denen die jeweilige Gebietskörperschaft mit über 50 Prozent beteiligt ist und die über einen eigenen Geschäftsbetrieb und Aufsichtsrat verfügen. Insgesamt zeigt diese Untersuchung, dass auch die großen öffentlichen Unternehmen von einer gleichberechtigten Teilhabe der Frauen an den Spitzenpositionen in Aufsichtsgremien noch weit entfernt sind (FidAR Frauen in die Aufsichtsräte e.V., 2014b). Tabelle 11 zeigt den Anteil von Frauen in Aufsichtsratsgremien der untersuchten öffentlichen Unternehmen.

Mit einem Gesamtanteil von 25,14 Prozent liegt der Anteil der Frauen in höchsten Gremien öffentlicher Unternehmen zwar etwas höher als in den DAX-Unternehmen (17,24 Prozent) – sie bleiben damit aber weit hinter den politischen Zielsetzungen von 50 Prozent. Darüber hinaus haben 15,56 Prozent der öffentlichen Unternehmen keine Frau im Aufsichtsgremium; demgegenüber gibt es kein Gremium ohne männliche Beteiligung. Einen Frauenanteil von über 50 Prozent erreichen aktuell nur 29 der 225 untersuchten Gremien (FidAR Frauen in die Aufsichtsräte e.V., 2014b).

Tabelle 11: Anteil von Frauen in Aufsichtsratsgremien öffentlicher Unternehmen (Eigene Darstellung in Anlehnung an FidAR Frauen in Aufsichtsräte e.V., 2014b, S. 23)

	Bund	Länder	Kommunen (Landeshauptstädte)	Gesamt
Unternehmen insgesamt	65	65	95	225
Anzahl der Mitglieder gesamt	615	568	1060	2243
Anzahl Frauen	127	123	314	564
Anteil Frauen Aufsichtsgremien in Prozent	**20,65**	**21,65**	**29,62**	**25,14**

Analog zur weiblichen Führungsbeteiligung in der Wirtschaft hat das IAB-Betriebspanel auch Daten öffentlicher Unternehmen erfasst. Hierbei konnte ein Gesamtfrauenanteil über alle untersuchten öffentlichen Betriebe hinweg von 60 Prozent ermittelt werden. Demgegenüber stand ein Frauenanteil von 40 Prozent in erster und 38 Prozent in zweiter Führungsebene. Die Analyse der Frauenanteile in Führungspositionen nach Betriebsgröße auf Basis der Beschäftigtenzahl gemäß Abbildung 7 zeigt auf, dass Frauen auch in öffentlichen Unternehmen vor allem in kleineren Betrieben Führungspositionen bekleiden (Kohaut & Möller, 2013).

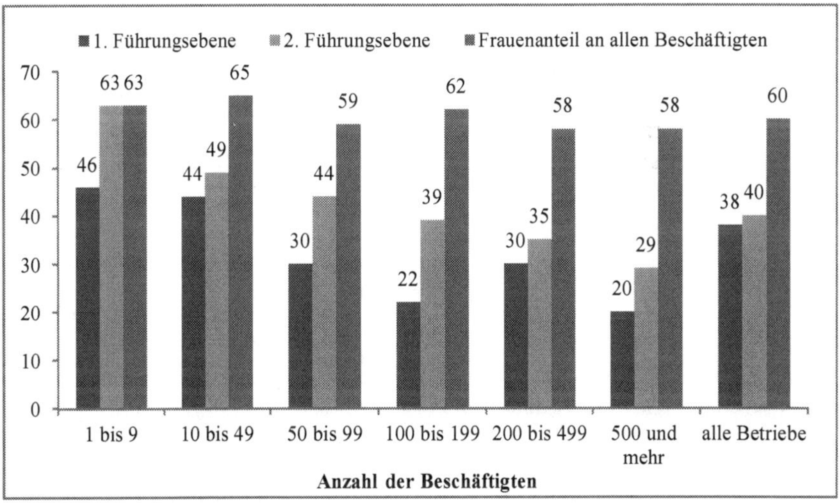

Abbildung 7: Frauenanteil auf erster und zweiter Führungsebene sowie an allen Beschäftigten im öffentlichen Sektor nach Betriebsgröße (Eigene Darstellung in Anlehnung an Kohaut und Möller, 2013, S. 2)

Trotz des hohen Frauenanteils in erster und zweiter Führungsebene im Vergleich zur Wirtschaft sollte auch hier der Gesamtanteil der Frauen über alle Betriebe ins Verhältnis gesetzt werden. Denn hierbei wird ersichtlich, dass die Geschlechterzusammensetzung der Führungsstruktur auch im öffentlichen Sektor nicht die Geschlechterverteilung im Unternehmen insgesamt repräsentiert.

Fazit

Die vorangegangene Analyse der aktuellen Statistiken zu der Beteiligung von weiblichen Führungskräften macht deutlich, dass Frauen zurzeit von einer gleichberechtigten Teilhabe an Führungspositionen in der Wirtschaft sowie im öffentlichen Sektor weit entfernt sind. Vor allem in den Spitzenpositionen deutscher Unternehmen haben Frauen ausgesprochenen Seltenheitswert. Weder die 160 größten Aktiengesellschaften der in den deutschen Aktienindizes gelisteten Unternehmen noch die Top-200- sowie Top-100-Gesellschaften erreichen annähernd den politisch orientierten Richtwert von 30 Prozent Frauenanteil in der Unternehmensspitze. Insbesondere Vorstandsposten werden nahezu ausschließlich von Männern bekleidet.

Damit werden insgesamt auch nicht die Erwerbsstrukturen der Unternehmen nach Geschlechtern innerhalb der Führungsebenen repräsentiert. Zudem ist in noch deutlich zu vielen Unternehmen weder im Aufsichtsrat noch im Vorstand eine Frau vertreten. Lediglich ab der zweiten Führungsebene und in kleineren Unternehmen sind Frauen deutlich häufiger in Führungspositionen anzutreffen, wobei auch hier noch keine gleichberechtigte Teilhabe vorliegt.

Auch die öffentlichen Unternehmen bieten Frauen keine deutlich besseren Perspektiven. Obgleich hier der Anteil von Frauen in den Aufsichtsgremien über dem Wert in privaten Wirtschaftsunternehmen liegt, repräsentiert die Geschlechterzusammensetzung der Führungsstruktur auch im öffentlichen Sektor nicht die Geschlechterverteilung im Unternehmen insgesamt. Zudem werden die politischen Zielsetzungen einer paritätischen Beteiligung von Frauen zurzeit nicht erreicht.

Die aktuellen Ergebnisse spiegeln damit das nach wie vor herrschende Phänomen der „Gläsernen Decke“ wider. Dieses beschreibt die Beobachtung, dass Frauen vor allem im unteren und mittleren Management Führungspositionen bekleiden, jedoch mit steigender Hierarchieebene immer seltener werden (Rizzi & Willmeroth, 2013; Henn, Die Kunst des Aufstiegs - Was Frauen in Führungspositionen kennzeichnet, 2012; Cotter, Hermsen, Ovadia, & Vanneman, 2001). Somit sehen sich Frauen aktuell mit einer unsichtbaren Barriere konfrontiert, welche ihnen den Aufstieg in die Spitzenpositionen der deutschen Unternehmen verwehrt.

4 Historische Entwicklung

Im Folgenden soll die historische Entwicklung der Teilhabe an Führungspositionen in deutschen Unternehmen aufgezeigt werden. Hierbei erfolgt zunächst eine Untersuchung der Frauenarbeit ausgehend vom Ende des 19. Jahrhundert. Dies ist zum einen der Tatsache geschuldet, dass zur Thematik Frauen in Führungspositionen lediglich Aufzeichnungen, Daten und Werte aus der jüngeren Vergangenheit zur Verfügung stehen. Zum anderen liefern die Analyseergebnisse der historischen Entwicklung zur generellen Frauenarbeit bereits selbst erste Hinweise auf die Entstehung von Arbeitsstrukturen, Rollenbildern und demnach folglich auch Ansatzpunkte für die Ursachenanalyse zur Unterrepräsentanz von Frauen in Führungspositionen.

4.1 Frauen und Arbeit

Die Forschung der Frauengeschichte ist insgesamt eine noch relativ junge Disziplin der Wissenschaft. Wurde bis zum Ende der 1960er Jahre das Thema Frauen und Frauenarbeit eher als randständig behandelt, erfolgte vor allem in den darauffolgenden 1970er und 1980er Jahre eine Fokussierung auf die Handlungsspielräume, Leistungen und Leiden von Frauen (Richter & Schraut, 2010). Eine dieser umfangreichen Analysen speziell zur Geschichte der Frauenarbeit in Deutschland und deren Entwicklung liefert Knapp (1983a; 1983b). Im Mittelpunkt ihrer Untersuchung stehen vor allem der Umfang und die zugrunde liegenden Prozesse der Frauenerwerbsarbeit zwischen 1850 und 1933. Insgesamt konnte Knapp aufzeigen, dass die industrielle Revolution und die damit einhergehenden Veränderungen der Arbeitswelt deutliche Effekte auf die Erwerbsquote von Frauen hatten und dass damit zum Teil eine schichtenspezifische, weitreichende Verdrängung der Frau vom Arbeitsmarkt erfolgte. Ihre Analysen basieren dabei auf preußischen Fabrikentabellen für die Reichsgründung, der Beschäftigungsstatistik der Krankenkassen für die Kriegsperiode und auf Daten der Berufszählung des Deutschen Reiches von 1882 bis 1933. Knapp weist in ihrer Untersuchung aber auch auf die mangelnde Datenqualität der ihr vorliegenden Werte hin, wobei vor allem von einer Unterschätzung der Frauenerwerbstätigkeit ausgegangen werden sollte, da zur Zahl von mithelfenden Angehörigen keine gesicherten Daten vorliegen.

Mit Einsetzen und Fortschreiten der industriellen Revolution insbesondere Mitte des 19. Jahrhunderts veränderte sich vor allem die schichtenspezifische, innerfamiliäre Arbeitsteilung. War vor der Verstädterung und Industrialisierung noch vornehmlich in der Arbeiterklasse, im Handwerk und in der Landwirtschaft eine Einheit zwischen Haus und Arbeit zu verzeichnen, vollzog sich in der folgenden Zeit eine räumliche und zeitliche Trennung dieser Arbeitsbereiche. Diese Entwicklung betraf vor allem das Arbeitsplatzangebot für Frauen. Diese waren zu einem Großteil in der Landwirtschaft beschäftigt, welche jedoch stetig zurückging. Die Industriezweige der Schwerindustrie und des Transportwesens gewannen hingegen an großem Zuwachs, wobei diese Arbeitsbereiche vor allem den Männern vorbehalten waren und so Frauen nur eine geringe Chance hatten, dort Arbeit zu finden. Einer der wenigen großen Industriezweige, der gleichermaßen auf Frauen-, Männer- und Kinderarbeit zurückgriff, war die Textilindustrie. Diese wurde jedoch durch die englische Konkurrenz bis 1913 immer weiter verdrängt (Knapp, 1983a).

Ebenso vollzog sich ein Wandel in der Hausarbeit. War diese insbesondere im Bürgertum durch weibliche Hausangestellte erledigt worden, entwickelte sich zunehmend das Modell der erwerbsfreien Hausfrau und Mutter, die nun selbst für die unentgeltliche Hausarbeit zuständig war. Dies hatte zum einen zur Folge, dass die Anstellungen von weiblichen Hausangestellten, Dienstboten und Mägden wegfielen, diese fehlenden Arbeitsmöglichkeiten aber nicht vollständig durch die Schaffung von Arbeitsplätzen in der Industrie kompensiert wurden. Zum anderen festigte sich damit zu dieser Zeit bereits ein Rollenbild der Frau als Hausfrau und Mutter (Knapp, 1983a).

Die Anfänge der Kriegszeiten des ersten Weltkrieges (1914 bis 1918) führten zu einer kurzfristigen hohen Frauenerwerbslosigkeit, da Frauen vor allem in der Friedensindustrie (Textil, Bekleidung und Nahrungs- und Genussmittel) tätig waren und diese zu Gunsten der Kriegsindustrie abgebaut wurde. Nach Umstellung der industriellen Kapazitäten für Kriegszwecke stieg die Frauenerwerbsbeteiligung jedoch auf bis zu 50 Prozent an. Jedoch blieb diese Beschäftigungsquote nach Kriegsende nicht stabil, so dass Frauen vor allem der politisch motivierten Verdrängung vom Arbeitsmarkt zum Opfer fielen. Nach Beschluss des Kriegsamtes sollten heimkehrenden männlichen Kriegsteilnehmern ausreichend auskömmliche Arbeitsplätze zur Verfügung gestellt werden, so dass Frauen in größerem Umfang entlassen wurden (Knapp, 1983a).

Knapp verzeichnete so insgesamt auf Basis der ihr vorliegenden Daten eine fast durchgängige Frauenerwerbsbeteiligung von 30 Prozent zwischen 1850 bis 1933 (vgl. Tabelle 12).

Insgesamt lässt sich damit eine stagnierende Erwerbsbeteiligung von Frauen zwischen 1850 und 1933 trotz Wandel des Arbeitsmarktes und der Arbeitssituation durch die industrielle Revolution verzeichnen. Die Untersuchung der historischen Entwicklung von Frauen und Arbeit sowie vor allem die Analyse des Strukturwandels schichtenspezifischer weiblicher Rollenmuster in der Vergan-

Tabelle 12: Bevölkerung im erwerbsfähigen Alter, Erwerbsquote und Frauenanteil an den Erwerbspersonen (1882 -1933) (Eigene Darstellung in Anlehnung an Knapp, 1983a, S. 61)

Jahr	**1882**	**1895**	**1907**	**1925**	**1925**	**1933**
Erwerbsfähiges Alter	15 – unter 70 Jahre	16 – unter 70 Jahre	14 – unter 70 Jahre	14 – unter 70 Jahre	14 – unter 65 Jahre	14 – unter 65 Jahre
Männliche Bevölkerung im erwerbsfähigen Alter (in Mio.)	13,6	15,3	19,6	21,9	21,1	22,0
Weibliche Bevölkerung im erwerbsfähigen Alter (in Mio.)	14,5	16,1	20,3	23,8	22,9	23,6
Erwerbsquote männlich	94,2	93,8	92,3	92,0	93,1	91,6
Erwerbsquote weiblich	36,3	36,4	45,4	47,3	48,2	46,9
Von 100 Erwerbspersonen waren weiblich	29,0	29,0	33,7	35,9	36,0	35,0

genheit liefern auch Anhaltspunkte für die Entwicklung noch heute gültiger Rollenbilder.

Bürgerliche Frauen arbeiteten vornehmlich als Angestellte und Selbstständige im Gewerbe bürgerlicher Frauenberufe, wobei jedoch nur den ledigen Frauen eine standesgemäße Anstellungsposition zuteilwurde. Grundsätzlich arbeiteten verheiratete bürgerliche Frauen kaum oder nur, wenn Beruf und Haus eine Einheit bildeten. Hierbei handelte es sich überwiegend um familienintegrierte Betätigung von Handwerkerinnen und Ladenbesitzerinnen (Knapp, 1983a; 1983b).

Für die verheirateten Frauen des Proletariats hingegen war die nicht-familiäre Arbeit sowohl vor als auch nach dem ersten Weltkrieg keine Außergewöhnlichkeit. Das Gehalt des Mannes reichte nicht aus, um die Familie zu ernähren, so dass die Ehefrauen durch haushaltsnahe Dienste, Heimarbeit, häusliche Dienstleistungen, Handel und Gelegenheitsarbeiten einen Teil des Lebensunterhaltes mitverdienten. Insgesamt waren Frauen der Unterschicht niedere Arbeiten als Dienstboten und Arbeiterinnentätigkeiten vorbehalten (Knapp, 1983a). Hierbei stieg vor allem die Zahl der erwerbstätigen ledigen Frauen der Untersicht deutlich an (vgl. Tabelle 13).

Tabelle 13: Nicht familiale Frauenerwerbsarbeit nach Familienstand und sozialer Herkunft (1882 / 1925) (Eigene Darstellung in Anlehnung an Knapp, 1983a, S. 64)

	Verheiratete Frauen		Ledige Frauen	
	Bürgerlich	Proletarisch	Bürgerlich	Proletarisch
	Land			
Jahr	Selbstständige und Angestellte in der Landwirtschaft	Arbeiterinnen in der Landwirtschaft	Selbstständige und Angestellte in der Landwirtschaft	Arbeiterinnen in der Landwirtschaft
1882	10,6	31,7	1,4	28,1
1925	2,8	19,2	0,9	14,5
	Stadt			
Jahr	Selbstständige und Angestellte im modernen Sektor	Arbeiterinnen im modernen Sektor, Heimarbeiterinnen / Hausgewerbetreibende, Persönliche Dienste	Selbstständige und Angestellte im modernen Sektor	Arbeiterinnen im modernen Sektor, Heimarbeiterinnen / Hausgewerbetreibende, Persönliche Dienste
1882	23,2	34,4	10,6	59,7
1925	21,7	56,1	28,9	55,8
	Nur Angestellte und Selbstständige im Gewerbe	einschließlich Angestellte und Selbstständige in den Bereichen Handel, Verkehr und sonstige Dienstleistungen	Nur Angestellte und Selbstständige im Gewerbe	einschließlich Angestellte und Selbstständige in den Bereichen Handel, Verkehr und sonstige Dienstleistungen
1882	11,1	46,5	7,4	62,9
1925	6,5	71,3	8,8	75,9

Aus den vorhergehenden Tabellen 12 und 13 wird ersichtlich, dass durch die veränderten Arbeitsbedingungen zwischen 1850 und 1933 und dem damit verbundenen Rollenverständnis der Frau ein deutlicherer Anstieg der Frauenarbeit verhindert wurde.

Neben den generellen Zugangsbeschränkungen zu vielen Arbeitsbereichen sahen sich Frauen aber auch mit einer deutlichen Lohndiskriminierung konfrontiert. Da ihnen vielfach der Zugang zu Lehrstellen verwehrt wurde, konnten sie lediglich Arbeiten ungelernter Kräfte annehmen. Arbeiteten Frauen in Bereichen, in denen auch Männer arbeiteten, mussten sie deutliche Lohndifferenzen hinnehmen (Knapp, 1983b). Zudem wurde die Arbeitssuche für Frauen durch die Wirtschaftskrise in den Jahren 1929 und 1930 erschwert. Deutschlands Wirtschaft war aufgrund der globalen Krise deutlich geschrumpft, so dass die Arbeitslosenquote im den Jahren 1932 und 1933 mit rund sechs Millionen Arbeitslosen ihren damaligen Höchststand hatte (Abelshauser, 1999).

Durch umfangreiche und aufwendige Arbeitsbeschaffungsmaßnahmen unter dem Regime des Nationalsozialismus konnte bis 1936/37 eine nahezu Vollbeschäftigung hergestellt werden. Die steigende Industrieproduktion ging mit einem empfindlichen Fachkräftemangel einher, welche jedoch nicht durch eine Erhöhung der Frauenerwerbsbeteiligung gedeckt wurde (Abelshauser, 1999). Vielmehr führte das propagierte Frauenbild des Nationalsozialismus als Ehe- und Hausfrau sowie Mutter zu einer Senkung der weiblichen Erwerbsbeteiligung vor allem bei verheirateten Frauen (Wiegmann, 2003; Abelshauser, 1999). Gefördert wurde so beispielsweise durch Vergabe zinsloser Kredite, sogenannter „Ehestandsdarlehen“, die Aufgabe der Berufstätigkeit verheirateter Frauen. Trotz der Bedingung zur Kündigung bestehender Arbeitsverhältnisse der Ehefrauen wurden dadurch bereits bis Anfang 1935 rund 378.000 Darlehen ausgezahlt und somit in gleicher Anzahl Frauen und deren Arbeitspotenzial dem Arbeitsmarkt entzogen. Durch Erhöhung des Anteils an Fließbandarbeit in den Produktionen im Allgemeinen sowie in der Rüstungsindustrie im Speziellen stieg zum einen der Bedarf an ungelernten Kräften. Zum anderen führte die Verpflichtung von Unternehmen in der Metallbau- und Bauindustrie zur Bereitstellung von Lehrstellen und Berufsausbildungsprogrammen 1936 zu einem Engpass an ungelernten Kräften. Weitere Industriezweige schlossen sich den Ausbildungsprogrammen an, so dass zwischen 1937 und Kriegsende 1945 nahezu alle männlichen Volksschulabgänger eine dreijährige Lehre vollzogen. Dieser Engpass, verbunden mit dem kriegsbedingten Arbeitskräftemangel, führte zu Beginn der Kriegszeiten zu einer Erhöhung der Frauenerwerbsbeteiligung (Abelshauser, 1999).

In den Jahren von 1950 bis 1980 ist die Gesamterwerbsquote in Deutschland leicht gesunken. Dies ist vor allem der seit den 1960er Jahren gesunkenen Erwerbsbeteiligung der Männer geschuldet. Demgegenüber steht eine kontinuierliche Steigerung der Frauenerwerbsbeteiligung (Preisendörfer, 1984). Die Frauenerwerbsquoten stellen dabei den Anteil der weiblichen Erwerbspersonen (Erwerbstätige und Erwerbslose) an der weiblichen Bevölkerung dar (Statistisches Bundesamt, 2011).

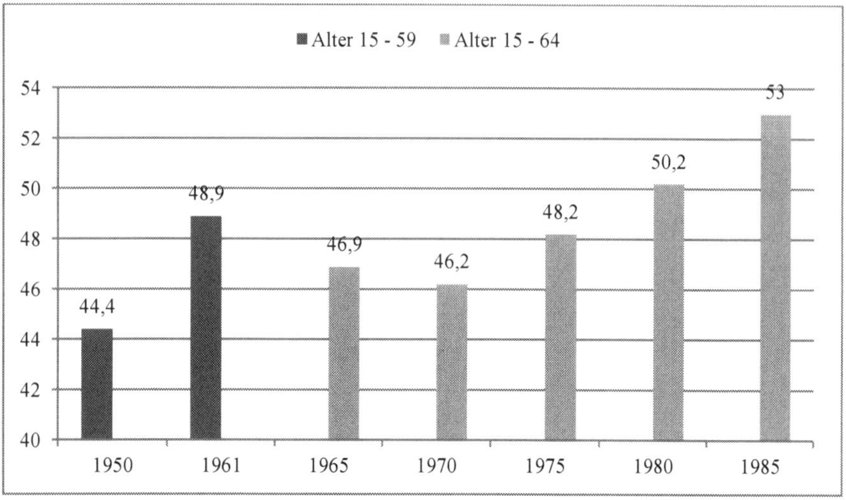

Abbildung 8: Erwerbsquoten der Frauen im Alter von 15-59 und 15-64 Jahren (Eigene Darstellung in Anlehnung an Statistisches Bundesamt, 1975, S. 87, zitiert nach Preisendörfer, 1984, S. 6; Engelbrech, 1987, S. 182)

Bei Betrachtung der altersspezifischen Frauenerwerbsquote unter Berücksichtigung des Familienstandes zwischen 1960 und 1982 wird jedoch eine Verschiebung innerhalb der Zusammensetzung der Quoten ersichtlich. Gesunken sind vor allem die Erwerbsquoten junger verheirateter sowie junger lediger Frauen im Alter von 15 - 24 Jahren. Demgegenüber stieg aber vor allem die Erwerbsquote verheirateter Frauen im Alter von 25 – 59 Jahre in den Jahren von 1960 bis 1982. Preisendörfer (1984) sieht vor allem in dieser Entwicklung den zentralen Prozess der Strukturveränderung innerhalb der Frauenarbeit (Vgl. Tabelle 14). Diese wurde unter anderem durch die Ausweitung des Dienstleistungssektors getragen (Stockmann, 1987).

Mit Inkrafttreten des ersten Gleichberechtigungsgesetzes von 1958 konnten Ehemänner die Anstellungsverträge ihrer Frauen zwar nicht mehr eigenmächtig kündigen, jedoch waren Frauen nach wie vor von der Zustimmung des Mannes zur Berufstätigkeit abhängig. Es galt bis 1977 mit Umsetzung der Eherechtsreform das Eheleitbild der Hausfrauenehe. So konnte der Mann die Zustimmung über eine Beschäftigung der Frau verweigern, wenn diese mit den Pflichten der Ehe und Familie unvereinbar waren (Schultz, 2003; Berghahn, 2003).

Diese Abhängigkeit der Frau vom Mann bis zum Jahr 1977 spiegelt sich in den langsam steigenden Zahlen der Erwerbsquote verheirateter Frauen wider.

Tabelle 14: Altersspezifische Frauenerwerbsquote nach Familienstand in Deutschland in Prozent (Thon, 1981, S. 270 f., zitiert nach Preisendörfer, 1984, S. 8)

Alter / Familienstand / Jahr	15-19	20-24	25-29	30-34	35-39	40-44	45-49	50-54	55-59	60-64
Verheiratete Frauen										
1960	65,4	50,7	39,0	36,8	37,4	37,2	34,2	30,1	24,7	15,5
1970	60,6	54,1	42,3	39,5	41,2	42,4	41,3	36,8	29,4	16,7
1975	57,9	62,1	51,2	47,1	45,9	46,5	45,6	40,3	31,8	14,1
1982	57,4	64,0	56,8	53,4	54,3	52,8	50,2	43,6	33,3	11,4
Ledige Frauen										
1960	85,4	91,5	92,9	90,7	88,1	87,1	83,1	77,7	68,8	39,0
1970	63,4	84,3	87,2	88,6	88,8	90,5	88,9	87,3	75,1	40,8
1975	50,1	75,3	82,1	86,7	90,6	89,3	89,5	85,1	77,7	35,6
1982	38,7	75,4	83,6	89,2	89,7	87,8	87,2	85,2	76,8	26,8

Grundsätzlich wirkten sich zudem aber auch vor allem die steigenden Qualifikationen der Frauen auf die zunehmende Erwerbsbeteiligung aus (Engelbrech, 1987). Durch die Reform der Berufsausbildung und Inkrafttreten des Berufsbildungsgesetzes 1969 wurden zudem die Bildungschancen für Frauen deutlich verbessert (Mayer & Hillmert, 2004). Darüber hinaus kehrten Frauen zwischen 1977 und 1986 deutlich häufiger nach einer Berufsunterbrechung wieder in die Beschäftigung zurück (Engelbrech, 1987).

Auch in den darauf folgenden Jahren blieb der Trend zur steigenden Frauenerwerbstätigkeit kontinuierlich bestehen (vgl. Abbildung 9). Vor allem in den Jahren 1980 bis zur Jahrtausendwende macht sich das steigende Qualifikationsniveau der Frauen bemerkbar. Frauen schlossen hier in der Berufsausbildung stark auf und konnten in der allgemeinen Schulbildung die Männer bereits über-

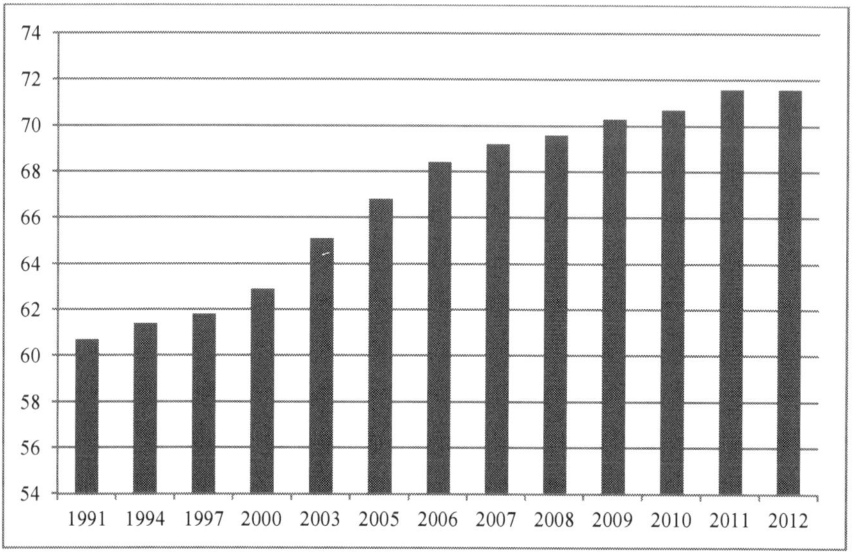

Abbildung 9: Frauenerwerbsquoten der 15- bis unter 64-Jährigen in Deutschland (Eigene Darstellung in Anlehnung an Statistisches Bundesamt, 2011, S. 138; 2013, S. 138)

holen. Dennoch zeigte sich eine deutliche Segregation zwischen den männerdominierten und frauendominierten Ausbildungsberufen (Mayer & Hillmert, 2004).

Neben der steigenden Erwerbstätigkeit von Frauen lässt sich ein weiterer Trend verzeichnen: Frauen arbeiten deutlich häufiger in Teilzeitarbeitsverhältnissen sowie in geringfügig entlohnten Beschäftigungen (BMFSFJ, 2011a). In den Jahren von 2001 bis 2011 stieg die Zahl von Frauen in sozialversicherungspflichtigen Teilzeitbeschäftigungen von 3,51 Mio. auf 4,68 Mio. und somit um rund 33 Prozent (Bundesagentur für Arbeit, 2012). Das geleistete gesellschaftliche Volumen der erbrachten Erwerbsarbeitsstunden hat sich in den vergangen Jahren damit kaum verändert, sondern hatte lediglich eine Umverteilung der Arbeit auf eine höhere Anzahl von Frauen zur Folge (BMFSFJ, 2011a).

Trotz gestiegenem Bildungsniveau und damit einhergehender höherer Erwerbstätigkeit der Frauen zieht sich die Lohnungleichheit zwischen den Geschlechtern wie ein roter Faden durch die Geschichte der Frauenarbeit. Die Jahre von Ende des 19. Jahrhunderts bis zum zweiten Weltkrieg waren noch geprägt von offener Diskriminierung in Bezug auf Arbeitsplatz und Arbeitslohn der Frauen. Mit Aufnahme des Gleichheitsgrundsatzes Art. 3 Abs. 2 im Grundgesetz 1949 stellte sich parallel die Frage nach gleicher Entlohnung für gleiche Arbeit.

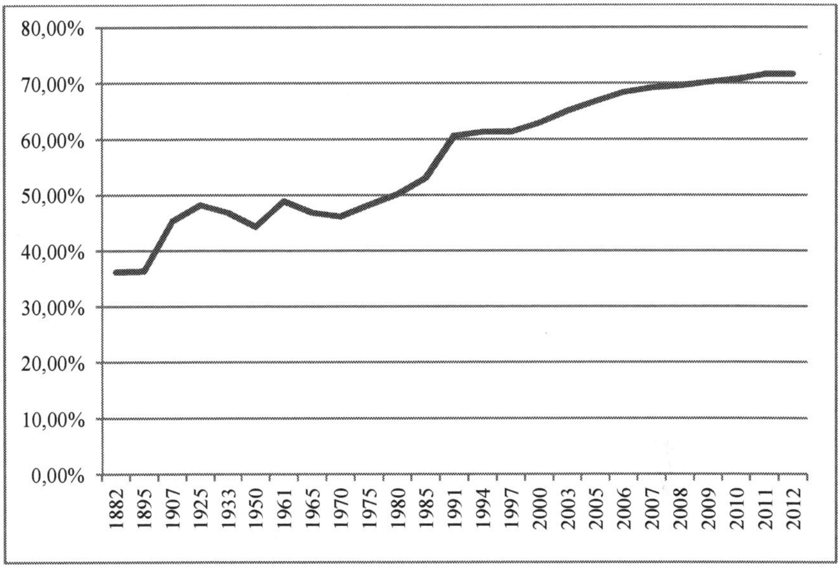

Abbildung 10: Frauenerwerbsquote von 1882 bis 2012 (Eigene Darstellung)

Die damit verbundenen Versuche in den fünfziger Jahren, die Lohngleichheit gerichtlich zu erwirken, scheiterten und führten vielmehr zu einem vertieften Verständnis von „typischer Frauenarbeit", welche durchaus niedriger entlohnt werden konnte als „typische Männerarbeit" (Mun, 2005). Auch in den letzten 15 Jahren blieb in Deutschland der Verdienstabstand zwischen weiblichen und männlichen Arbeitnehmern - genannt Gender Pay Gap - auf einem konstant hohen Niveau von über 20 Prozent. Diese Lohndifferenz zeigte sich vor allem bei Vollzeitbeschäftigten (Statistisches Bundesamt, 2013a; 2014a).

Trotz der nach wie vor bestehenden Benachteiligungen von Frauen und der hohen Teilzeitbeschäftigung wird anhand der Analyse der vergangenen Jahrzehnte die steigende Erwerbsneigung von Frauen ersichtlich (vgl. Abbildung 10).

Die Untersuchung der historischen Entwicklung der Frauenarbeit zeigt damit aber auch, dass es über 100 Jahre benötigte, um die Anzahl der weiblichen Erwerbspersonen zu verdoppeln und damit eine ausgewogenere Repräsentanz beider Geschlechter in Unternehmen herzustellen. Dennoch bestehen in einigen Bereichen der Arbeitswelt, wie die Unterrepräsentanz von Frauen in Führungspositionen und der Vergütung von Arbeit, Ungleichheiten.

4.2 Frauen und Führung

Ist die Entwicklung der Frauenarbeit weitreichend dokumentiert, fehlen vor allem historische Aufzeichnungen und Daten zu der Repräsentanz von Frauen in Führungspositionen. Dies ist zum einen der Tatsache geschuldet, dass in den 1960er und 1970er Jahren kaum Frauen diese Posten bekleideten und zum anderen, dass in jenem Zeitraum vermehrt der Fokus auf die geschlechtliche Erwerbsstruktur im Allgemeinen sowie der Frauenerwerbsbeteiligung im Speziellen gelegt wurde (Müller, 1999; Richter & Schraut, 2010).

So finden sich auch nur vereinzelt und wenig umfangreiche Erhebungen zum Anteil von weiblichen Führungskräften in den 1980er Jahren. Zudem war die Messung der Zahl von Frauen im Top-Management überflüssig, weil sie schlichtweg nicht vorhanden waren (Bischoff, 2010).

So lassen sich auf Basis der Struktur der Erwerbstätigen nach Alter und Geschlecht (Kling, 1985) sowie Erhebungen zur Stellung im Beruf der Frauen (Engelbrech, 1987) nur näherungsweise Werte zu Frauen in Führungspositionen in den 1980er Jahren berechnen. Damit ergibt die Zusammenfassung von weiblichen Angestellten in gehobener und leitender Stellung im Alter von 40 Jahren und älter einen Frauenanteil von 18,52 Prozent in dieser Position; der Frauenanteil an Beamten in gehobener und leitender Position lag demgegenüber sogar bei 21,43 Prozent (vgl. Abbildung 11). Dieser vergleichsweise hohe Anteil von Frauen in der Beamtenlaufbahn wird dadurch erklärt, dass vor allem Frauen im Lehramtsbereich tätig waren und dort aufstiegen (Engelbrech, 1987).

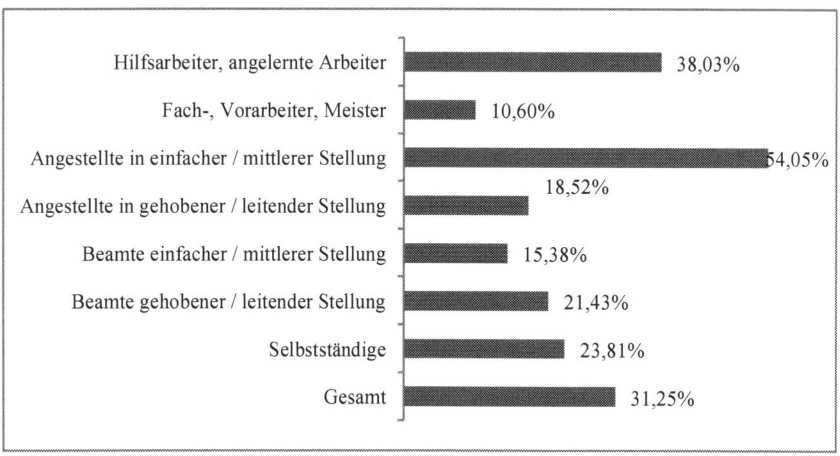

Abbildung 11: Anteil Frauen über 40 Jahre nach Stellung im Beruf im Jahr 1985 (Eigene Berechnung und Darstellung in Anlehnung an Kling, 1985, S. 484; Engelbrech, 1987, S.185)

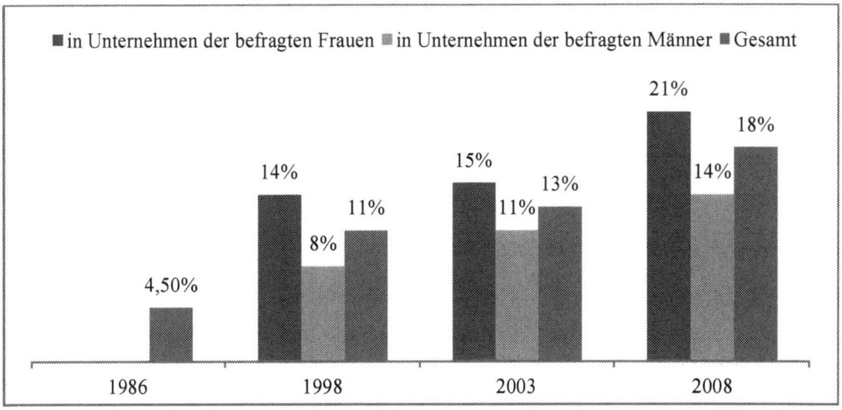

Abbildung 12: Frauenanteile in Führungspositionen (Eigene Darstellung in Anlehnung an Bischoff, 2010, S. 13 und 31)

Eine erste weitreichende Studie zum Vergleich von Männern und Frauen in Führungspositionen im mittleren Management erfolgte im Jahr 1986 durch Bischoff (2010). Seitdem wurden in umfangreichen schriftlichen Befragungen in den Folgejahren 1991, 1998, 2003 und 2008 Daten zu der Arbeitssituation, dem Karriereverlauf, dem familiären Umfeld sowie den Einstellungen von weiblichen und männlichen Führungskräften erhoben. Demnach ergab sich für das Jahr 1986 ein Frauenanteil - bezogen ausschließlich auf Führungspositionen im mittleren Management – von insgesamt lediglich 4,50 Prozent. Innerhalb der letzten 20 Jahre stieg der von den Befragten angegebene Wert auf insgesamt 18 Prozent im Jahr 2008 an (vgl. Abbildung 12).

Hierbei zeigt sich, dass die Unternehmen der befragten weiblichen Führungskräfte einen durchschnittlich höheren Anteil von Frauen in Führungspositionen aufweisen, als die Unternehmen der befragten Männer (Bischoff, 2010).

Werden die Ergebnisse von Bischoffs Studie (2010) mit den Untersuchungen von Kohaut und Möller (2010; 2013) verglichen, wird ersichtlich, dass je nach Quelle recht unterschiedliche Werte zu den Anteilen von Frauen in Führungspositionen vorliegen. Demnach lag der Frauenanteil auf der ersten Führungsebene im Jahr 2004 bei 24 Prozent und stieg seither nur unwesentlich auf 26 Prozent im Jahr 2012. Auch nur unwesentlich erhöht hat sich der Anteil weiblicher Führungskräfte auf der zweiten Führungsebene. Hier lag der Anteil 2004 bei 33 Prozent und stieg lediglich um fünf Prozent (vgl. Abbildung 13).

Deutlich signifikantere Unterschiede lassen sich aber vor allem in der Branchenzugehörigkeit finden. Waren weibliche Führungskräfte im Jahr 1986 noch

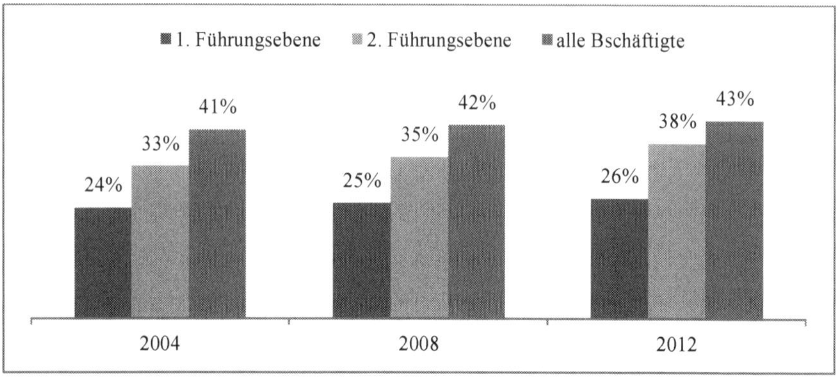

Abbildung 13: Frauenanteile in Führungspositionen und an allen Beschäftigten von 2004 bis 2012 (Eigene Darstellung in Anlehnung an Kohaut und Möller, 2010, S. 2; 2013, S. 1)

überwiegend in der Industrie tätig (55 Prozent), sank der Anteil bis 2008 kontinuierlich auf nur noch 30 Prozent. Demgegenüber stieg vor allem der Anteil von Frauen in Führungspositionen im Dienstleistungsbereich von 23 Prozent (1986) auf 52 Prozent im Jahr 2008. Ebenfalls leicht sank der Anteil von weiblichen Führungskräften im Handel (Bischoff, 2010).

Im Gegensatz zu den Frauenanteilen im mittleren Management ist die Repräsentanz von Frauen in den Top-Führungspositionen der deutschen Wirtschaft vor allem in den letzten Jahren deutlich besser dokumentiert. Es zeigt sich damit allerdings, dass der Anteil von Frauen auch in den höchsten Managementebenen nur langsam steigt sowie der Anteil der Unternehmen ohne jegliche Frauenbeteiligung im Top-Management nur leicht sinkt. Waren im Jahr 2006 35,3 Prozent der Top-200-Unternehmen gänzlich ohne weibliche Beteiligung im Aufsichts- oder Verwaltungsrat, so lag der Anteil im Jahr 2013 immer noch bei 21,7 Prozent. Aus Tabelle 15 geht hervor, dass sich der Frauenanteil in den Aufsichtsgremien der 200 größten Gesellschaften zwar von 2006 bis 2013 nahezu verdoppelt hat, jedoch ausgehend von einem Anteil von 7,8 Prozent in 2006 ist diese Entwicklung über einen Zeitraum von sieben Jahren mit durchschnittlichen Zuwachsraten von einem Prozent pro Jahr noch deutlich zu gering (Holst & Kirsch, 2014a).

Noch deutlich langsamer entwickeln sich die Anteile der Frauen in Vorstands- und Geschäftsführerpositionen innerhalb der 200 größten deutschen Unternehmen. Seit 2006 ist hier der Frauenanteil lediglich von 1,2 auf 4,4 Prozent gestiegen. Erst in 2008 konnte die erste Vorstandsvorsitzende verzeichnet werden, wobei die Anzahl der weiblichen Vorstandsvorsitzenden auch in den

Tabelle 15: Frauen in Aufsichts- und Verwaltungsräten in den 200 größten Unternehmen von 2006 bis 2013 (Eigene Darstellung in Anlehnung an Holst und Kirsch, 2014a, S. 20)

	2006	2007	2008	2009	2010	2011	2012	2013
Mit Angabe zur Zusammensetzung	170	145	168	153	166	163	170	157
Davon Unternehmen mit Frauen im Aufsichts-/Verwaltungsrat	110	101	124	110	117	118	128	123
Anteil in Prozent	64,7	69,7	73,8	71,9	70,5	72,4	75,3	78,3
Aufsichts-/ Verwaltungsratsmitglieder insgesamt	2500	2268	2466	2175	2293	2268	2369	2159
Frauen	196	194	230	214	243	269	305	325
Anteil Frauen in Prozent	7,8	8,6	9,3	9,8	10,6	11,9	12,9	15,1
Vorsitze insgesamt	170	145	168	153	167	167	171	160
Frauen	3	2	2	2	2	3	3	4
Anteil der Frauen in Prozent	1,8	1,4	1,2	1,3	1,2	1,8	1,8	2,5

darauffolgenden Jahren nach wie vor verschwindend gering blieb. Insgesamt dominieren seit langem die Unternehmen ohne jegliche Frauenbeteiligung in höchster Leitungsfunktion. So waren 2006 noch 95,4 Prozent der 200 größten deutschen Unternehmen ohne Frau im Vorstand oder der Geschäftsführung; dieser Wert sank bis 2013 lediglich auf 82,1 Prozent (Holst & Kirsch, 2014a).

Die Entwicklung der Frauenanteile in Führungspositionen innerhalb der Top-200-Unternehmen der deutschen Wirtschaft zeigt auf, wie langsam die Frauenbeteiligung in den höchsten Managementebenen wächst.

Ebenso lässt sich seit 2011 durch FidAR Frauen in die Aufsichtsräte (2014a) die Entwicklung der Anteile von Frauen in den Aufsichtsräten und Vorstandspositionen der 160 größten Aktiengesellschaften verfolgen. Insgesamt zeigt sich seit 2011 ein kontinuierlich - wenn auch langsam - steigender Frauenanteil in Aufsichtsräten der in den deutschen Aktienindizes gelisteten Unternehmen. Vor allem in den 30 größten DAX-Unternehmen stieg der Anteil von 13,63 Prozent in 2011 auf 21,72 Prozent in 2014. Einzig in den 50 SDAX-Unter-

Tabelle 16: Frauen in Vorständen und Geschäftsführungen in den 200 größten Unternehmen von 2006 bis 2013 (Eigene Darstellung in Anlehnung an Holst und Kirsch, 2014a, S. 20)

	2006	2007	2008	2009	2010	2011	2012	2013
Mit Angabe zur Zusammen-setzung	195	184	191	187	195	197	200	195
Davon Unterneh-men mit Frauen im Vorstand	9	15	17	16	22	22	33	35
Anteil in Prozent	4,6	8,2	8,9	8,6	11,3	11,2	16,5	17,9
Vorstands-mitglieder ins-gesamt	953	893	934	833	906	942	970	906
Frauen	11	16	23	21	29	28	39	40
Anteil Frauen in Prozent	1,2	1,8	2,5	2,5	3,2	3,0	4,0	4,4
Vorsitze ins-gesamt	195	184	191	187	195	198	198	194
Frauen	0	0	1	1	2	1	2	4
Anteil der Frau-en in Prozent	0,0	0,0	0,5	0,5	1,0	0,5	1,0	2,1

nehmen war der Frauenanteil von 2013 zu 2014 leicht rückläufig. Im Ganzen stieg der Anteil von Frauen im Aufsichtsrat von 9,97 Prozent (2011) auf 17,24 Prozent im Jahr 2014.

Die Veränderung der Frauenanteile in den Vorständen der größten deutschen Aktiengesellschaften bleibt jedoch hinter den Entwicklungen in den Aufsichtsräten zurück. Insgesamt stieg hier der Anteil lediglich von 3,01 Prozent in 2011 auf 5,98 Prozent in 2014. Zudem sank der Frauenanteil in den Vorständen der im DAX gelisteten Unternehmen von 2013 bis 2014 wieder leicht von 7,69 auf 6,45 Prozent (FidAR Frauen in die Aufsichtsräte e.V., 2014a) (vgl. Tabelle 17).

Auch wenn die Zahlen zur Historie von Frauen in Führungspositionen nicht annähernd so weitreichend dokumentiert sind wie die der Frauenarbeit, wird doch eines sehr deutlich: Trotz des wachsenden Interesses an der Thematik sowie der damit verbundenen öffentlichen und politischen Forderung zur Erhöhung des Frauenanteils vor allem in den Top-Managementpositionen der Wirtschaft,

Tabelle 17: Anteil Frauen im Aufsichtsrat und Vorstand von DAX, MDAX, SDAX und TecDAX-Unternehmen von 2011 bis 2014 (Eigene Darstellung in Anlehnung an FidAR Frauen in die Aufsichtsräte e.V., 2014a, S. 15 und 20)

Prozentualer Anteil von Frauen in Aufsichtsratspositionen	**2011**	**2012**	**2013**	**2014**
Alle 160 Unternehmen	9,97 %	12,76 %	15,76 %	17,24 %
DAX	13,63 %	16,00 %	20,49 %	21,72 %
MDAX	8,75 %	11,51 %	13,70 %	16,55 %
SDAX	7,56 %	10,85 %	12,92 %	12,83 %
TecDAX	8,60 %	11,85 %	15,26 %	16,59 %
Prozentualer Anteil von Frauen in Vorstandspositionen	2011	2012	2013	2014
Alle 160 Unternehmen	3,01 %	3,37 %	4,71 %	5,98 %
DAX	2,15 %	4,26 %	7,69 %	6,45 %
MDAX	1,87 %	3,37 %	2,94 %	3,98 %
SDAX	4,46 %	3,18 %	7,50 %	7,65 %
TecDAX	4,67 %	2,00 %	5,05 %	6,32 %

vollzog sich in den vergangenen Jahren nur ein sehr langsamer Entwicklungsprozess. Vor allem in den Vorstandsebenen der deutschen Unternehmen scheint kaum Bewegung in Richtung eines repräsentativen Frauenanteils, so dass hier lediglich eine verschwindend geringe Anzahl an weiblichen Führungskräften zu finden ist. So erscheinen die vorangegangenen Maßnahmen von Politik und Wirtschaft nahezu wirkungslos, um deutlich mehr Frauen in Führungspositionen zu bringen.

Abbildung 14 soll anhand einer einfachen linearen Trendanalyse die Entwicklung der Anteile von Frauen in den Top-200-Unternehmen verdeutlichen. Sollte der Frauenanteil – insbesondere in den Spitzenpositionen der deutschen Großunternehmen - in Zukunft weiter in der bisherigen Geschwindigkeit ansteigen, ist das Ende der Unterrepräsentanz von Frauen erst in Jahrzehnten absehbar. So sind zukünftig deutlich höhere Zuwächse nötig sowie geeignete Maßnahmen zu treffen, um Führungsstrukturen herzustellen, die den politischen Forderungen auch nachhaltig genügen.

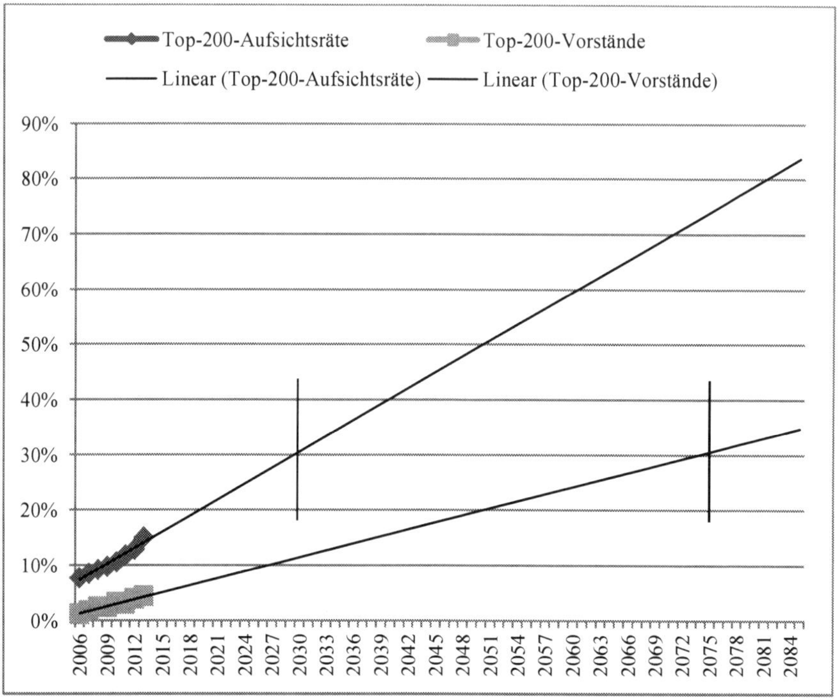

Abbildung 14: Entwicklung des Frauenanteils in den Top-200-Unternehmen in Prozent sowie lineare Trendanalyse (Eigene Darstellung)

5 Das Ursachen-Modell

Zur Unterrepräsentanz von Frauen In Führungspositionen hat die aktuelle Forschung bereits einzelne Erklärungsansätze untersucht. Begründet wird die Unterrepräsentanz unter anderem mittels des differenztheoretischen Ansatzes (Holst & Wiemer, 2010b; Bischoff, 2010), durch strukturelle (Abele, 2013; Henn, 2012; Kaiser, Hochfeld, Gertje, & Schraudner, 2012) sowie durch ideologische Barrieren, wie Rollenbilder und Stereotype (Stangel-Meseke, 2009; BMFSFJ, 2010; Abele, 2013). Diese einzelnen Untersuchungsansätze berücksichtigen größtenteils jedoch nur unzureichend die zugrunde liegenden Einflussfaktoren sowie die Zusammenhänge und gegenseitigen Wechselwirkungen der ursächlichen Faktoren. Im Folgenden sollen unter Berücksichtigung der komplexen Zusammenhänge der politischen, sozio-kulturellen sowie ökonomischen und betrieblichen Einflussfaktoren die Gründe für die Unterrepräsentanz von Frauen in Führungspositionen aufzeigt werden. Hierbei soll auch auf die historische Entwicklung der jeweiligen Faktoren Bezug genommen werden. Insgesamt soll ein Beitrag dazu geleistet werden, ein ganzheitlicheres Bild zu den Gründen der Unterrepräsentanz von Frauen in Führungspositionen zu erstellen, welches bestehende Erklärungsansätze aufgreift und in ein umfassendes Modell integriert.

Hierzu wird in Kapitel 5.1 zunächst die Konzeption des Modells vorgestellt, um dann im Anschluss daran in Kapitel 5.2 die einzelnen politischen, soziokulturellen sowie ökonomischen und betrieblichen Einflussfaktoren zu analysieren und zu bewerten. Abschließend erfolgt in Kapitel 5.3 eine zusammenfassende Beurteilung der einzelnen Faktoren wie auch deren Interaktion untereinander.

5.1 Konzeption des Modells

Die bisherige Forschung zur Unterrepräsentanz hat sich vor allem auf einzelne, zum Teil unterschiedliche Ursachenaspekte konzentriert. So erfolgt die Erklärung der Unterrepräsentanz gemäß Ochsenfeld (2012) auf Basis zweier Theoriestränge, die sich innerhalb der Forschung und der öffentlichen Diskussion parallel entwickelt und gefestigt haben. Hierbei werden zum einen Unternehmen und deren innerbetriebliche Strukturen für die mangelnden Aufstiegschancen von Frauen verantwortlich gemacht. Zum anderen basiert ein Theoriestrang auf strukturellen Barrieren, welche maßgeblich in Politik und Gesellschaft begründet liegen.

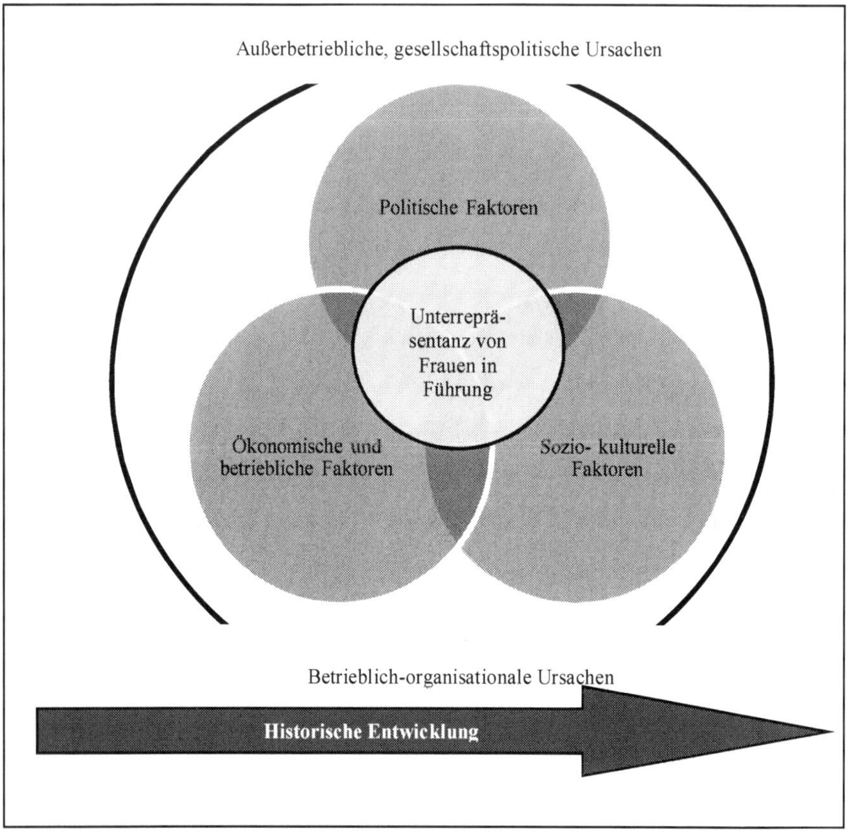

Abbildung 15: Ursachen-Modell zur Unterrepräsentanz von Frauen in Führung (Eigene Darstellung)

Die Konzeption des Modells greift diese beiden Theoriestränge auf, jedoch nicht in ihrer determinierten Form. Vielmehr soll auf Basis der Untersuchung der drei Einflussfaktoren (politische, sozio-kulturelle sowie ökonomische und betriebliche Faktoren) gezeigt werden, dass die Theorieansätze in einem komplexen Zusammenhang münden.

Die drei zentralen Einflussfaktoren werden hierzu zunächst auf ihre Wirkung zur Unterrepräsentanz untersucht. Basis dieser Untersuchung stellt jeweils die historische Entwicklung dar, um so die vor allem in der Vergangenheit nur langsam steigende Anzahl von Frauen in Führungspositionen erklären zu können. Es soll in diesem Zusammenhang auch erläutert werden, wie sich die einzelnen Einflussfaktoren gegenseitig bedingen.

Das Modell sowie die Ergebnisse der zugrunde liegenden Analyse der Einflussfaktoren sollen aufzeigen, dass die Unterrepräsentanz von Frauen in Führungspositionen nicht nur einer einzelnen oder isolierten Ursache geschuldet ist, sondern vielmehr die Folge eines Entwicklungsprozesses sowie komplexer Wechselwirkungen der genannten Faktoren darstellt.

5.2 Analyse der Einflussfaktoren

Die Untersuchung der drei verschiedenen politischen, sozio-kulturellen sowie ökonomischen und betrieblichen Einflussfaktoren soll aufzeigen, wie sich die Interaktion der Faktoren untereinander unter Berücksichtigung der historischen Entwicklung auf die Unterrepräsentanz von Frauen in Führungspositionen auswirkt.

Kapitel 5.2.1 analysiert hierzu zunächst die politischen Faktoren, welche sich in Gleichstellungs-, Familien- sowie Arbeits- und Wirtschaftspolitik unterteilen. Anhand der einzelnen Politikfelder soll zunächst ein historischer Überblick gegeben werden, um anschließend auf die Wirkung einzugehen. Kapitel 5.2.2 umfasst die Analyse der sozio-kulturellen Faktoren. Hierbei soll vor allem die Analyse von Rollenbildern und Stereotype im Vordergrund stehen, wobei auch die Ergebnisse aus dem vorangegangen Kapitel Berücksichtigung finden sollen, so dass die Wechselwirkung der Faktoren deutlich wird. Kapitel 5.2.3 analysiert die ökonomischen und betrieblichen Einflussfaktoren; hierzu zählen die Unternehmenskultur und Personalpolitik, aber auch die ökonomische Vorteilhaftigkeit von gemischt geführten Teams. Auch hier werden die Wirkung von Rollenbildern und Stereotype zum Tragen kommen. Insgesamt kann es durch die Interaktion der einzelnen Faktoren daher zu inhaltlichen Überschneidungen in den Kapiteln kommen.

5.2.1 Politische Faktoren

Im Folgenden soll analysiert werden, inwiefern politische Entscheidungen und Maßnahmen die Repräsentanz von Frauen in Führungspositionen beeinflusst, bzw. sogar verhindert haben. In diesem Zusammenhang sollen verschiedene politische Bereiche, wie die Gleichstellungs-, Familien- sowie Arbeits- und Wirtschaftspolitik sowie deren historische Entwicklung beleuchtet und auf ihren Einfluss auf die Unterrepräsentanz von weiblichen Führungskräften untersucht werden. Vor allem die Retrospektive kann dabei helfen, Entwicklungshemmnisse und Gleichstellungsdefizite aufzudecken.

Gleichstellungspolitik

Gleichstellung und Gleichstellungspolitik stellen die Grundlage zur Gleichberechtigung von Frauen und Männern in unterschiedlichsten Lebensbereichen, wie beispielsweise Bildung und Arbeit, dar. Dazu gehört auch die gleichberechtigte Teilhabe an Führungspositionen (Berghahn, 2011; Statistisches Bundesamt, 2014b). Die Analyse der historischen Entwicklung der Gleichstellung anhand politischer Maßnahmen soll Aufschluss über den Einfluss der Gleichstellungspolitik auf die Frauenarbeit und damit gleichzeitig auf die Chance des beruflichen Aufstiegs geben.

Ausgehend vom Deutschen Kaiserreich (1871 bis 1918) stellt sich die Lage für Frauen aus der Gleichstellungsperspektive insgesamt schlecht dar. Nach dem bürgerlich-patriarchalischen Rechtsempfinden waren Frauen weder Staatsbürger noch als freie Lohnarbeiter juristisch anerkannt. Zudem waren verheiratete Frauen nicht geschäftsfähig und konnten nicht frei über ihr Eigentum verfügen. Ebenso war es Frauen nicht möglich, ein Universitätsstudium aufzunehmen oder sich in öffentlichen Ämtern zu engagieren (Knapp, 1983a). Darüber hinaus besaßen Frauen weder politische Vereinsfreiheit noch ein Wahlrecht, wodurch faktisch die Hälfte der Bevölkerung keinen Einfluss auf eine politisch adäquate Interessensvertretung hatte (Berghahn, 2003). Erst 1891 nahm die SPD die Forderung nach dem Frauenwahlrecht in ihr damaliges Parteiprogramm auf (Schaser, 2006; Münkel, 2013).

In der Weimarer Republik (1918 bis 1933) erhielten Frauen durch die Reichsverfassung das aktive Wahlrecht und wurden als Staatsbürger gleichberechtigt anerkannt (Knapp, 1983a). Jedoch handelte es sich hierbei nur um „grundsätzliche“ Rechte, so dass eine vollständige Gleichberechtigung nicht erreicht wurde. Zudem währten diese Verbesserungen nur kurz, so dass sich unter dem nationalsozialistischem Regime eine deutliche Rückorientierung zum klassischen Rollenbild vollzog (Berghahn, 2011; Looman, 2010).

Mit Gründung der Bundesrepublik und der Verabschiedung des Grundgesetzes durch den Parlamentarischen Rat wurde im Jahr 1949 der Gleichberechtigungsgrundsatz, dass Männer und Frauen gleichberechtigt sind, als umfassende Verfassungsnorm im Grundgesetz Art. 3 Abs. 2 aufgenommen. Zuvor war dieser im Jahr 1948 noch unter kontroverser Diskussion im Parlamentarischen Rat abgelehnt worden. Die Aufnahme im Grundgesetz war hierbei vor allem auf den Einsatz von Elisabeth Selbert (SPD) zurückzuführen (Berghahn, 2011; Plogstedt, 2013).

Dennoch wurden in den 1950er und 1960er Jahren unter CDU-geführter Regierung rechtliche Differenzierungen aufgrund von funktionalen und biologischen Unterschieden legitimiert. So wurde das Nachtarbeitsverbot für Frauen eingeführt, welches nicht zu einem offenkundigen Nachteil der Frauen führen, sondern vielmehr die Fürsorge und den Gesundheitsschutz für Frauen bekunden sollte. Ebenso galt bis 1977 damit auch nach wie vor das Modell des männlichen Familienernährers (Berghahn, 2011). Demnach konnte bis zur Eherechtsreform unter der Regierung Helmut Schmidts (SPD) der Mann die Zustimmung über eine Beschäftigung der Frau verweigern, wenn diese mit den Pflichten der Ehe und Familie unvereinbar waren. Damit waren erst ab der Reform 1977 beide Partner in der Ehe gleichberechtigt. Nach Jahrzehnten einer inkonsequenten Gleichstellungspolitik waren die Veränderungen in den 1970er Jahren vor allem auf eine neue gestärkte Frauenbewegung zurückzuführen (Schultz, 2003; Berghahn, 2003).

Im Jahr 1980 und damit erst nach über 30 Jahren nach Verabschiedung des Gleichberechtigungsgrundsatzes erfolgte – auf Grundlage europäischer Rechtsprechung – das Inkrafttreten des arbeitsrechtlichen EG-Anpassungsgesetzes mit dem Schwerpunkt eines Diskriminierungsverbotes am Arbeitsplatz aufgrund des Geschlechtes. Die dadurch entstandene Übertragung der Gleichbehandlung auf das Arbeitsrecht schränkte Unternehmen der Privatwirtschaft deutlich ein, die bisher in ihrer Personal- und Einstellungspolitik relativ frei waren (Berghahn, 2011).

Unter Angela Merkel als Bundesministerin für Frauen und Jugend (CDU) wurde 1993 nach langer Debatte die Neuformulierung von Art. 3 Abs. 2 GG durch die Verfassungskommission gebilligt und ins Grundgesetz übernommen: "Männer und Frauen sind gleichberechtigt. Der Staat fördert die tatsächliche Durchsetzung der Gleichberechtigung von Frauen und Männern und wirkt auf die Beseitigung bestehender Nachteile hin." (BMFSFJ, o.J.). Berghahn (2011) sieht dies als eine der zentralen Errungenschaften in der Entwicklungsgeschichte der Gleichberechtigung.

Ebenfalls auf Grundlage europäischer Rechtsprechung trat 2006 das Allgemeine Gleichbehandlungsgesetz (AGG) in Kraft. Es soll „Benachteiligungen aus Gründen der Rasse oder wegen der ethnischen Herkunft, des Geschlechts, der Religion oder Weltanschauung, einer Behinderung, des Alters oder der sexuellen Identität“ verhindern und beseitigen (Berghahn, 2011; BMJV, 2006). Und obwohl das AGG explizit die Unzulässigkeit von Benachteiligungen im Bereich des beruflichen Aufstieges sowie Arbeitsentgeltes inkludiert, besteht aktuell insbesondere im Arbeitsleben keine Chancengleichheit zwischen den Geschlechtern, wie die Unterrepräsentanz von Frauen in Führungspositionen zeigt (Berghahn, 2011). Nach Bothfeld (2008) führt vor allem eine anhaltende Inkonsistenz in der Geschlechterpolitik zur Benachteiligung von Frauen. Denn aktuell besteht keine gesetzliche Grundlage, die Unternehmen dazu verpflichtet, innerbetriebliche Regeln auf deren diskriminierende Wirkung hin zu untersuchen oder diese gezielt abzubauen. Das heißt, dass mit Inkrafttreten des AGG zwar die Rechtsgrundlage für individuelle Klagen geschaffen wurde, es jedoch keine rechtliche Basis für eine aktive und verpflichtende Überprüfung, Berichterstattung oder einen konsequenten Abbau durch die Unternehmen gibt.

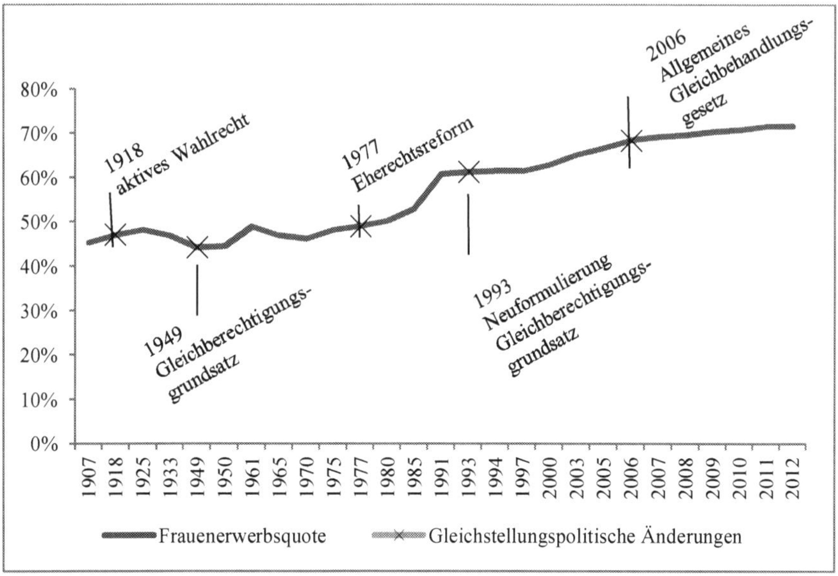

Abbildung 16: Die Entwicklung der Frauenerwerbsquote unter Berücksichtigung relevanter gleichstellungspolitischer Änderungen (Eigene Darstellung)

Insgesamt zeigt sich, dass die Gleichstellungspolitik in Deutschland eine lange Entwicklungsgeschichte aufweist, sich dabei aber nur in kleinen Teilschritten vollzogen hat. Gesetzesänderungen erfolgten zudem häufig auf Druck der EU-Politik oder starken Frauenbewegungen und weniger aus regierungspolitischer Motivation heraus. Aus Sicht der Autorin stellt eine Grundvoraussetzung für den Anstieg von Frauen in Führungspositionen die gleichberechtigte Teilhabe am Erwerbsleben dar. Wie hierbei bereits die Analyse der historischen Entwicklung der Frauenarbeit gezeigt hat, war diese wiederum stark von (gleichstellungs-) politischen Maßnahmen abhängig (vgl. Kapitel 4.1). Damit wird eine konsequente Gleichstellungspolitik zur Bedingung für die Gleichstellung im Erwerbsleben, den Abbau von Barrieren beim Berufseintritt und in Folge dessen für eine steigende Erwerbsbeteiligung von Frauen.

Abbildung 16 soll hierzu die historische Entwicklung der Frauenerwerbsquote unter Berücksichtigung ausgewählter gleichstellungspolitischer Maßnahmen verdeutlichen. Es zeigt sich, dass nach Inkrafttreten der jeweiligen Regelungen und Gesetze die Frauenerwerbsquote kontinuierlich gestiegen ist.

Vor allem nach der Eherechtsreform im Jahr 1977 ist die Frauenerwerbsquote deutlich angestiegen. Dies verdeutlicht damit auch die Relevanz der Gleichstellung im Familienleben für die Erwerbstätigkeit von Frauen.

Familienpolitik

Im Jahr 1953 wurde unter der Regierung Adenauer die Familienpolitik erstmalig in den Rang eines Ministeriums berufen. Erster Bundesminister wurde Franz-Josef Wuermeling (CDU), der die zeitgenössische Auffassung vom klassischen Modell der Versorgerehe vertrat. Wie auch er kritisierten viele in den 1950er Jahren die generelle Berufstätigkeit der Frau. Erste Veränderungen zur Einstellung stellten sich unter Bruno Heck (Familienminister von 1962 bis 1968, CDU) ein, der sich für das sogenannte „Dreiphasenmodell" im Leben von Frauen aussprach. So sollten Mütter nach einer Familienphase in die Erwerbstätigkeit zurückkehren. In ihrer Amtsperiode von 1969 bis 1972 setzte sich Familienministerin Käte Strobel (SPD) aktiv für ein modernes Rollenbild der Geschlechter ein und hierbei insbesondere für das Recht auf personale und berufliche Entfaltung von Ehefrauen. Sie erntete aber vor allem für ihren Modellversuch von Tagesmüttern deutliche Kritik. In den Folgejahren 1972 bis 1982 setzten sich die Ministerinnen Dr. Katharina Focke und Antje Huber unter der Koalition von SPD und FDP für die weitere Stärkung der Rechte von Frauen ein. So wurden das Eherecht grundlegend reformiert und 1979 das Gesetz zum Mutterschutzurlaub von sechsmonatiger Dauer mit Arbeitsplatzgarantie und Kündigungsschutz eingeführt (BMFSFJ, o.J.).

Erst unter Prof. Dr. Rita Süßmuth (CDU) wurde in ihrer Amtszeit von 1985 bis 1988 das Familienministerin um die Frauenpolitik erweitert. Sie setzte sich als Bundesministerin für Jugend, Familie, Frauen und Gesundheit besonders für Frauen sowie die Vereinbarkeit von Familie und anderen Lebensbereichen für beide Partner ein. Unter Renate Schmidt (2002 bis 2005, SPD) erfolgte eine deutliche Erhöhung des Betreuungsangebotes für unter Dreijährige durch Inkrafttreten des Tagesbetreuungs-ausbaugesetzes im Jahr 2005, welches für die Zusicherung von 230.000 neuen Betreuungsplätzen bis 2010 sorgte. Ihr erklärtes Ziel war hierbei jedoch nicht die Stärkung der Vereinbarkeit von Familie und Beruf, sondern vielmehr der schwindenden Geburtenrate in Deutschland entgegenzuwirken. Ursula von der Leyen (von 2005 bis 2009, CDU) führte den familienpolitischen Kurs ihrer Vorgängerin fort. Sie verantwortete die Einführung des einkommensabhängigen Elterngeldes nebst Partnermonaten und legte mit dem Kinderförderungsgesetz die Basis für den rechtlichen Anspruch auf eine Betreuung von Kleinkindern (BMFSFJ, o.J.).

Ziel der gegenwärtigen deutschen Familienpolitik ist vor allem die Sicherstellung des finanziellen Auskommens von Familien sowie gleichzeitig die Förderung der Vereinbarkeit von Beruf und Familie. Dem angeschlossen ist aber auch das Streben nach einer Erhöhung der Geburtenrate (BMFSFJ, 2013a). Im Folgenden sollen daher ausgewählte familienpolitische Maßnahmen in Bezug auf ihre Förderlichkeit zur Frauenerwerbstätigkeit als Grundlade für die Chancengleichheit auf Führungspositionen untersucht werden.

Elterngeld und Elternzeit (vormals Erziehungsgeld und Erziehungsurlaub)

Mit Inkrafttreten des Bundeserziehungsgeldgesetzes im Jahr 1986 unter der Koalitionsregierung von CDU/CSU und FDP hatten Frauen und Männer das erste Mal die Möglichkeit, einkommensabhängig Erziehungsgeld in Höhe von 600 DM zu erhalten und ohne Risiko des Arbeitsplatzverlustes Erziehungsurlaub zu nehmen. Bis 1992 galt dieser Anspruch für zehn Monate und wurde im Folgenden auf bis zu drei Jahre erhöht. 1998 erfolgte durch die Koalition von SPD und Grünen die Reform hin zur Elternzeit; diese beinhaltete insbesondere die Möglichkeit, während der Elternzeit einer Teilzeiterwerbstätigkeit von maximal 30 Stunden pro Woche nachzugehen (BMFSFJ, o.J.).

Elterngeld und -zeit sollen insgesamt die berufliche Auszeit nach der Geburt eines Kindes erleichtern. Die Voraussetzung für den Anspruch liegt zum einen in der Betreuung des Nachwuchses nach der Geburt durch den Leistungsempfänger sowie zum anderen in einer maximalen Erwerbstätigkeit von 30 Stunden pro Woche. Das Elterngeld dient in erster Linie dem Ersatz des durch die Betreuung entfallenden Einkommens. Die Ermittlung der Höhe des Anspruches ergibt sich aus dem Nettoeinkommen des Vorjahres derjenigen Person, die zugunsten der Fürsorge des Kindes auf eine Beschäftigung (teilweise) verzichtet. Hierbei wird auf Basis eines bereinigten Nettoeinkommens ein Prozentsatz zwischen 65 und 67 Prozent, mindestens aber 300 Euro (unabhängig einer vorausgehenden Erwerbstätigkeit) und maximal 1.800 Euro pro Monat an den Leistungsempfänger gezahlt. Insgesamt ist der Bezug von Elterngeld auf 12 Monate begrenzt, kann jedoch um zwei weitere Monate (Partnermonate) verlängert werden, wenn beide Elternteile mindestens zwei Monate die Voraussetzungen für die Gewährung des Elterngeldes erfüllen und somit beide Partner die Elternzeit in Anspruch nehmen. Wenn keine Nebentätigkeit zur Betreuung des Kindes aufgenommen wird, sind Pflichtversicherte dazu beitragsfrei über die Dauer der Elternzeit krankenversichert (BMFSFJ, 2012).

Im Gegensatz zum Elterngeld haben nur Erwerbstätige Anspruch auf Elternzeit. Dieser besteht bis zur Vollendung des dritten Lebensjahres des Kindes und verlängert sich bei weiteren Kindern, indem weitere drei Jahre an die bis dahin abgelaufene Elternzeit angehängt werden. Die Elternzeit ist beim Arbeitgeber anzumelden, jedoch ist dessen Erlaubnis nicht erforderlich. Beide Elternteile sind berechtigt, Elternzeit zu nehmen und genießen innerhalb dieser Zeit einen besonderen Kündigungsschutz sowie Anspruch auf Teilzeitarbeit innerhalb der Dreijahresfrist. Zudem muss dem aus der Elternzeit Zurückkehrenden ein gleichwertiger Arbeitsplatz angeboten werden (BMFSFJ, 2012).

Auch wenn das Angebot des Elterngeldes, der Elternzeit und der damit verbundenen Option auf zwei zusätzliche Partnermonate unter dem Postulat der Wahlfreiheit stehen, sehen Kritiker hier die vor allem Anreize für die klassische Arbeitsteilung zwischen Frauen und Männern. Zudem geben die zwei zusätzlichen Partnermonate keinen wirklichen Anreiz für Männer, ihre Erwerbsbeteiligung in annähernd ähnlicher Weise wie Frauen zu unterbrechen. Vielmehr wäre hier eine Gleichverteilung von jeweils sechs Monaten pro Elternteil Anreiz schaffend (Bothfeld, 2008). So ergab die Evaluation des Gesetzes zum Elterngeld, dass ca. 98,6 Prozent der im Zeitraum von Januar 2007 bis März 2008 Eltern gewordenen Paare Elterngeld beantragt hatten, jedoch lediglich 12 Prozent hiervon die Partnermonate in Anspruch nahmen. Die große Mehrheit der Mütter (84 Prozent) bezieht dabei die Leistung für den längst-möglichen Zeitraum und unterbricht gleichzeitig die Erwerbstätigkeit sogar durchschnittlich für 18 Monate (Kluve, Schmidt, Tamm, & Winter, 2008).

Insgesamt wird die Ambivalenz der politischen Maßnahmen deutlich. Zum einen bietet die Elternzeit eine Option zur gesicherten Rückkehr in die Erwerbstätigkeit, zum anderen fördert sie aber vor allem die Erwerbspause und Teilzeitarbeit von Frauen. Insbesondere die sich an die Elternzeit anschließende Teilzeitbeschäftigung von Müttern auch älterer Kinder ist zum Standardmodell der deutschen Erwerbsstruktur geworden (Bothfeld, 2008; Geyer, Haan, Spieß, & Wrohlich, 2013). Bothfeld (2008) sieht vor allem in dieser Entwicklung ein entscheidendes Hemmnis für Frauen in Führungspositionen zu gelangen. Durch geringe Wochenarbeitszeiten sowie berufliche Unterbrechungen, die durch Elterngeld in Kombination mit dem Ehegattensplitting gezielt finanziell gefördert werden, haben Frauen deutlich geringere Chancen auf berufliche Entwicklung und Aufstiegsmöglichkeiten.

Betreuungsgeld

Das Betreuungsgeld wurde gleichzeitig mit Inkrafttreten des Rechtsanspruches auf einen Krippenplatz für Kinder unter drei Jahren am 01. August 2013 eingeführt. Es stellt eine Anerkennungs- und Unterstützungsleistung für die Betreuung und Erziehung von Kleinkindern dar, welche nicht durch öffentlich bereitgestellte oder finanzierte frühkindliche Tageseinrichtungen oder Kindertagespflege erfolgt. Das Anrecht auf Gewährung des Betreuungsgeldes besteht unabhängig von einer Erwerbstätigkeit der Eltern und wird für jedes einzelne Kind gezahlt. Der Bezugszeitraum erstreckt sich auf maximal 22 Lebensmonate des jeweiligen Kindes, beginnend ab dem 15. Lebensmonat. Somit wird unabhängig davon, ob beide Elternteile Elterngeld durch die Partnermonate bezogen und damit Elternzeit genommen haben, im Anschluss an die Gewährung des Elterngeldes da Betreuungsgeld gezahlt. Im ersten Jahr nach Einführung des Betreuungsgeldes lag die Höhe der Leistung bei 100 Euro, seit dem 01.08.2014 bei 150 Euro pro Monat und Kind (BMFSFJ, 2013b).

Bereits vor Einführung war das Betreuungsgeld einer heftigen Kritik ausgesetzt. Auch der erste Vorschlag innerhalb der großen schwarz-roten Koalition wurde im Jahr 2008 durch die SPD blockiert, welche sich dabei auf Warnungen von Experten berief, nach denen das Betreuungsgeld vor allem bei einkommensschwächeren und bildungsferneren Familien wirke (Bothfeld, 2008).

Boll und Reich (2012) stellen vor allem die Anerkennung der Betreuungsleistung in Frage. Vielmehr würde durch das Betreuungsgeld ein weiterer Anreiz geschaffen, dass insbesondere Frauen die Erwerbsunterbrechung ausweiten. Als tatsächliche Belohnung für Erziehungsaufgaben – die auch Berufstätige nach der Arbeit, am Wochenende und in den Ferien leisten – wäre auch optional der Erhöhung des Kindergeldes möglich gewesen. Das Betreuungsgeld prämiert damit eine Erwerbslosigkeit nach dem ersten Jahr des Kindes und rekonstruiert damit gleichzeitig das klassische Einverdiener-Modell mit dem Fokus auf die mütterliche Kinderbetreuung. Jedoch ist vor allem die Rückkehr in den Beruf nach längerer Pause immer mit dem Verlust an Status, Einkommen und sozialer Sicherheit verbunden. Damit führen finanzielle Anreize, wie Betreuungsgeld und Elterngeld, immer auch zu einer Bindung von Frauen in der Elternzeit. Dies bedeutet aber auch gleichzeitig den Verzicht auf weibliche Arbeitsressourcen und Potenziale (Bothfeld, 2008; Boll & Reich, 2012).

Kinderbetreuung

Nachdem bereits der Vorstoß von Familienministerin Käte Strobel (1969 bis 1972, SPD) zur Erhöhung des Betreuungsangebotes durch Tagesmütter starke Kritik erfahren musste, geriet auch Prof. Dr. Dr. h.c. Ursula Lehr (CDU/CSU), Bundesministerin für Jugend, Familie, Frauen und Gesundheit von 1988 bis 1991 für ihre Forderung nach einer verstärkten Kinderbetreuung von unter dreijährigen Kindern in starke Kontroversen (BMFSFJ, o.J.). Erst unter Claudia Nolte (CDU) wurde 1995 erstmalig das Recht auf einen halbtägigen Kindergartenplatz geschaffen, wobei jedoch nach wie vor hierdurch die Vollzeiterwerbstätigkeit von Frauen eingeschränkt war (Bothfeld, 2008).

Im Jahr 2009 legte Ursula von der Leyen mit dem Kinderförderungsgesetz den Grundstein für einen deutlicheren Ausbau der Kinderbetreuung in Deutschland. Ziel des Gesetzes war es, dass jedes dritte Kind unter drei Jahren bis August 2013 einen Platz in der Kindertagesstätte oder bei einer Tagesmutter zur Verfügung haben sollte (BMFSFJ, o.J.).

Gemäß des vierten Zwischenberichts zur Evaluation des Kinderförderungsgesetzes (BMFSFJ, 2014) lag im Jahr 2012 die Betreuungsquote bei 27,6 Prozent bei den Kindern unter drei Jahre. Demgegenüber stand bundesweit ein Betreuungsbedarf von 39,4 Prozent der Eltern. Insgesamt zeigen sich vor allem noch Lücken zwischen Bedarfen der Eltern und Betreuungsangeboten in den Städten sowie insbesondere bei den Betreuungsplätzen für ein- bis zweijährige Kinder (vgl. Abbildung 17). Zudem wünschen sich viele Eltern kürzere Betreuungszeiten unterhalb eines Ganztagsplatzes.

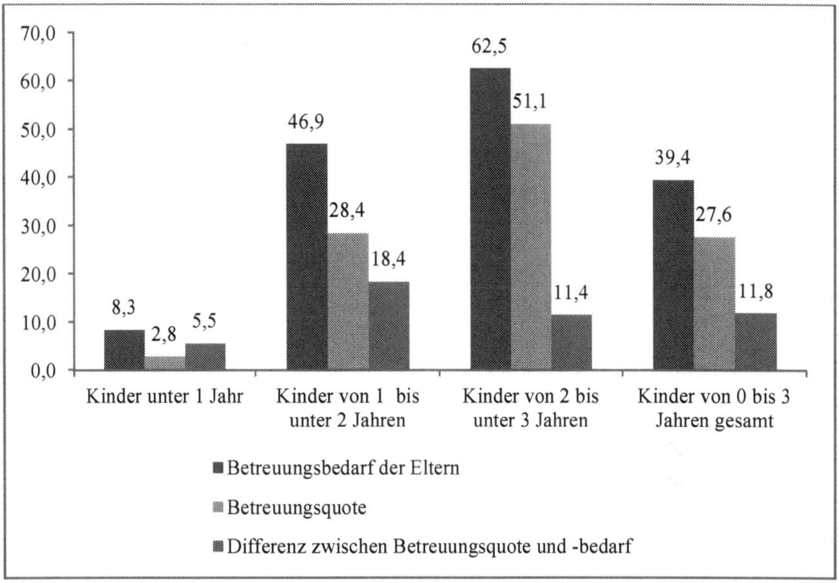

Abbildung 17: Betreuungsquoten, Betreuungsbedarf sowie Differenzen zwischen Betreuungsquote und Betreuungsbedarf in Prozent nach Altersjahren in Deutschland 2012 (Eigene Darstellung in Anlehnung an BMFSFJ, 2014, S. 7)

Der geringe Betreuungsbedarf spiegelt damit die Lenkung von Elterngeld und Elternzeit wider; im ersten Lebensjahr werden von staatlicher Seite deutliche Anreize zur Betreuung durch die Eltern gegeben.

Aus Frauensicht – insbesondere derjenigen, die den beruflichen Aufstieg anstreben – stellt die Verrichtung von Familien- und Hausarbeit jedoch eine zentrale Einschränkung der Erwerbstätigkeit und damit der Karriereförderung dar. Zielführend wäre hier die Übertragung der Betreuung – marktlich oder öffentlich organisiert – auf Dritte zugunsten der beruflichen Entwicklung sowie sozialen Absicherung (Bothfeld, 2008). Insgesamt basiert die staatliche Erhöhung des Kinderbetreuungsangebotes jedoch weniger auf der Förderung der Gleichstellung von Männern und Frauen im Erwerbsleben, sondern ist vielmehr der sinkenden Geburtenrate in Deutschland geschuldet (Bothfeld, 2008; Kahlert, 2011).

Ehegattensplitting

Die Einführung des Ehegattensplittings erfolgte im Jahr 1958 unter Bundeskanzler Adenauer (CDU/CSU). Ziel der Reform zur Besteuerung des Familieneinkommens war es, bestehende Nachteile von verheirateten Paaren mit ungleichen Einkommen gegenüber unverheirateten Gleichverdienern zu beseitigen und damit nach dem Leistungsfähigkeitsprinzip zu besteuern. Demnach haben bis heute Ehepaare die Option, sich steuerlich gemeinsam veranlagen zu lassen. Hierbei wird das gesamte Einkommen beider Ehepartner zusammengerechnet, halbiert sowie die hierauf anfallende Einkommenssteuer berechnet und anschließend die Steuerschuld wieder verdoppelt. Damit wird simuliert, dass beide Ehepartner das gleiche Einkommen in den Haushalt einbringen. Durch die Steuerprogression entsteht ein sogenannter „Splittingvorteil" gegenüber unverheirateten Paaren mit gleichem Haushaltseinkommen. Dieser Vorteil ergibt sich zum einen dadurch, dass für beide Ehepartner Grundfreibeträge berücksichtigt werden - unabhängig davon, ob beide überhaupt erwerbstätig sind. Zudem wird durch die Halbierung der Gesamteinkünfte die Gesamteinkommenssteuer gemildert. Hierbei ist der Effekt umso größer, je höher das Haushaltseinkommen und insbesondere je größer die Differenz zwischen den individuellen Einkünften der Ehepartner ist. Neben der gemeinsamen Steuerveranlagung ergeben sich weitere Vorteile durch gemeinsame Vorsorgeaufwendungen, Sparerfrei- und Pauschbeträge sowie bei der gegenseitigen Verrechnung von Gewinnen und Verlusten (Niemeier, 2012; BMFSFJ, 2006; Bach, Geyer, Haan, & Wrohlich, 2011).

Das Ehegattensplitting wurde vielfach kritisiert und sowohl öffentlich wie politisch kontrovers diskutiert. Insbesondere die Verfechter der Abschaffung der gemeinsamen Veranlagung zugunsten einer Individualbesteuerung beider Ehepartner sehen im Ehegattensplitting einen Anreiz – vor allem für Frauen – zur Senkung der Erwerbsbeteiligung. Das Ehegattensplitting hält damit seit 1958 ein traditionelles Rollenbild, basierend auf dem klassischen Ernährermodell, aufrecht (vgl. hierzu auch Kapitel 5.2.2). Zudem wird die Teilzeitarbeit oder sogar der komplette Verzicht auf Erwerbstätigkeit von Frauen unterstützt und gefördert. Diese Entwicklung der Abhängigkeit vom Ehepartner birgt jedoch Risiken für die Frauen. Im Falle des Verlustes des Ehepartners (durch Trennung oder Tod) führt eine vorhergehende verminderte Erwerbstätigkeit zu einer deutlichen Verschlechterung der sozialen Absicherung (Bach, Geyer, Haan, & Wrohlich, 2012; 2011).

Mit dem Anreiz zur Senkung der Arbeitszeit – insbesondere von Frauen – geht aber auch gleichzeitig die verminderte Chance auf eine Führungsposition einher (Hipp & Stuth, 2013; BMFSFJ, 2011a; Henn, 2012). Damit führt das Ehegattensplitting indirekt zu einer Senkung der Wahrscheinlichkeit des beruflichen Erfolgs und Aufstiegs im Unternehmen. Einen deutlichen Erwerbsanreiz böte demnach lediglich die Einführung einer generellen Individualbesteuerung beider Ehepartner (Bach, Geyer, Haan, & Wrohlich, 2012; 2011).

Die innerfamiliäre Rollenverteilung spiegelt sich damit vor allem in den steigenden Zahlen der teilzeitbeschäftigten Erwerbstätigen in Deutschland wider (vgl. hierzu den nachfolgenden Abschnitt Arbeits- und Wirtschaftspolitik). Die Familienpolitik in Deutschland unterstützt durch eine Vielzahl von politischen Maßnahmen das traditionelle Ernährermodell mit einem (männlichen) Alleinverdiener oder einem (männlichen) Haupt- und einem (weiblichen) Zweitverdiener. Die steigende Teilzeitbeschäftigung von Frauen ist damit zu einem Großteil auf politische Maßnahmen zurückzuführen (Ochsenfeld, 2012; Berghahn, 2006; Boll & Reich, 2012; Bothfeld, 2008).

Die vorgestellten familienpolitischen Maßnahmen sollen gemäß des BMFSFJ vor allem die Vereinbarkeit von Familie und Beruf fördern. Diese Vereinbarkeit stellt insgesamt eine bedeutende Weiche für die Aufstiegsmöglichkeiten von Frauen. Vor allem die Vollzeiterwerbstätigkeit wirkt sich dabei karriereförderlich aus. Die Untersuchung der Familienpolitik zeigt jedoch auf, dass Frauen im Gegensatz zu Männern nach wie vor Einschränkungen bezüglich dieser Vereinbarkeit hinnehmen. Die angebotenen Anreize, wie Eltern- und Betreuungsgeld, Elternzeit, beitragsfreie Mitversicherung in der Krankenkasse und Ehegattensplitting als familienpolitische Maßnahmen und damit Einflussfaktoren auf die weibliche Erwerbstätigkeit führen zu Erwerbsunterbrechungen und verstärkter Teilzeitarbeit von Frauen. Die Lenkungsfunktion der vorangegangen und aktuellen Familienpolitik führt daher nicht zur einer Förderung von Frauen in Führungspositionen, sondern prägt nach wie vor ein klassisches Rollenbild und ein Familienmodell mit traditioneller geschlechtlicher Aufgabenverteilung. Auch der Ausbau von Kinderbetreuungseinrichtungen dient nicht vornehmlich dem Zweck einer gleichberechtigten Teilhabe am Erwerbsleben und der Erhöhung von Aufstiegschancen, sondern ist vielmehr Folge der sinkenden Geburtenrate. Insgesamt lässt sich daher ein karrierehinderlicher Einfluss der familienpolitischen Maßnahmen konstatieren.

Arbeits- und Wirtschaftspolitik

Die Arbeitspolitik hat in Deutschland eine lange Geschichte. Bereits vor Gründung des noch heute - nach einigen Umstrukturierungen - bestehenden Bundesministeriums für Arbeit und Soziales (BMAS) war diese ein fester Bestandteil der Regierungsarbeit (BMAS, 2014a). Als wichtigste Aufgaben der Arbeitspolitik nennt das Bundesministerium die Arbeitssicherung sowie die Bekämpfung der Arbeitslosigkeit. Hierbei werden insbesondere die soziale Integration von behinderten und hilfebedürftigen Menschen, die Förderung von jungen Erwerbspersonen sowie die Eingliederung älterer erwerbsloser Menschen hervorgehoben

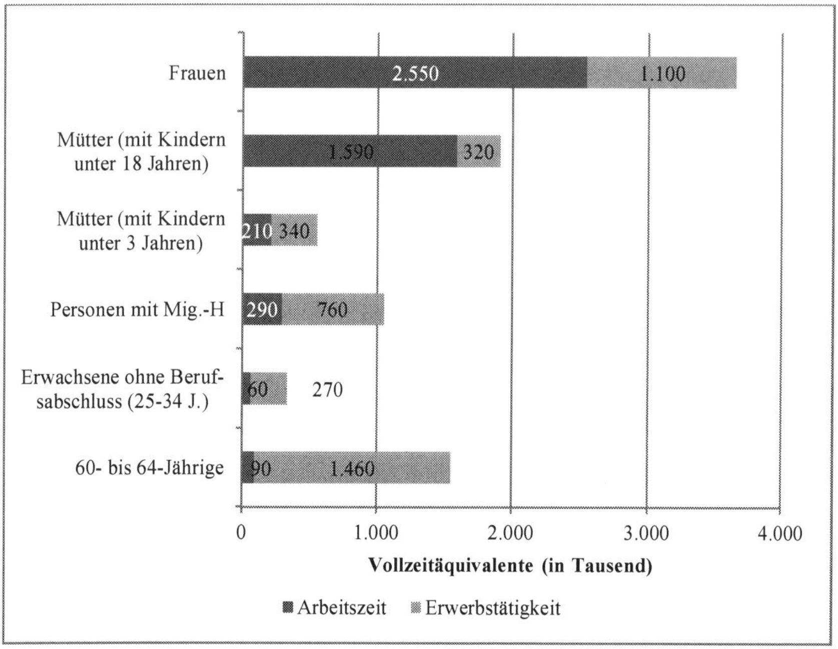

Abbildung 18: Potenziale einzelner Personengruppen im Vergleich zum Bevölkerungsdurchschnitt (20–64 Jahre) (Eigene Darstellung in Anlehnung an BMAS, 2014b, S. 18)

(BMAS, 2009). Dennoch wurde vor allem im Zuge des Fachkräftemangels in Deutschland das Potenzial von Frauen auch von Seite der Bundesregierung identifiziert (BMAS, 2014b).

Wie aus Abbildung 18 ersichtlich wird, besteht im Vergleich zu anderen Personengruppen ein deutlicher Potenzialvorsprung. Würden demnach Frauen die Arbeitszeit und die Erwerbstätigkeit der Durchschnittsbevölkerung erlangen, entspräche das einer Gesamtsteigerung von knapp 3,6 Mio. Vollzeitäquivalenten. Dieses enorme Arbeits- und Fachkräftepotenzial basiert vor allem auf der niedrigen Arbeitszeit von Frauen. Allein bei Ausweitung dieser wäre eine Steigerung um 2,55 Mio. Vollzeitäquivalenten möglich. Um dem Fachkräftemangel zu begegnen und Potenziale zu aktivieren, hat das BMAS bereits übergreifende Maßnahmen zur Sicherung der Fachkräftebasis eingeleitet. Hierzu zählen umfangreiche und breit angelegte, öffentlichkeitswirksame multimediale Informations- und Mobilisierungskampagnen sowie die Eröffnung von Kompetenzzentren zur Fachkräftesicherung. Schwerpunkte waren hierbei vor allem Mütter mit Migrationshintergrund sowie junge und gering qualifizierte Menschen (BMAS, 2014b).

Im Folgenden wird noch detaillierter auf relevante arbeits- und wirtschaftspolitische Bereiche, die auf die Unterrepräsentanz von Frauen Einfluss nehmen, eingegangen.

Teilzeitarbeit

Trotz der Erkenntnis der Notwendigkeit zur Förderung des Frauenpotenzials ist nach wie vor die Tendenz zur steigenden Teilzeiterwerbstätigkeit von Frauen zu verzeichnen. Die Grundlage hierzu liefert das im Jahr 2001 unter der Regierung von Schröder (SPD) in Kraft getretene Gesetz über Teilzeitarbeit und befristete Arbeitsverträge (Teilzeit- und Befristungsgesetz -TzBfG). Mit Einführung des Gesetzes wurde das Ziel forciert, Teilzeitarbeit zu fördern und dabei gleichzeitig die Diskriminierung von teilzeitbeschäftigten und befristet beschäftigten Arbeitnehmern zu verhindern. Kernstück der Regelung ist ein gesetzlicher Teilzeitanspruch für Arbeitnehmer, die in Unternehmen mit mehr als 15 Beschäftigten und bereits länger als sechs Monate arbeiten (BMJV, 2011).

Das Ausmaß der Entwicklung hin zur Teilzeitarbeit vor allem bei Frauen wird ersichtlich bei Betrachtung der Teilzeitquoten. Sie geben den prozentualen Anteil der Teilzeitbeschäftigten an allen abhängigen Erwerbstätigen nach Geschlechtern wieder (BMFSFJ, 2005). Abbildung 19 verdeutlicht diesen kontinuierlichen Strukturwandel innerhalb der Arbeitswelt hin zur vermehrten Teilzeitarbeit. Im Jahr 2012 arbeitete fast jede zweite Frau in Teilzeit (Brenke, 2011), so dass mehr als 60 Prozent der Teilzeitbeschäftigten weiblich sind (Wagner, 2011).

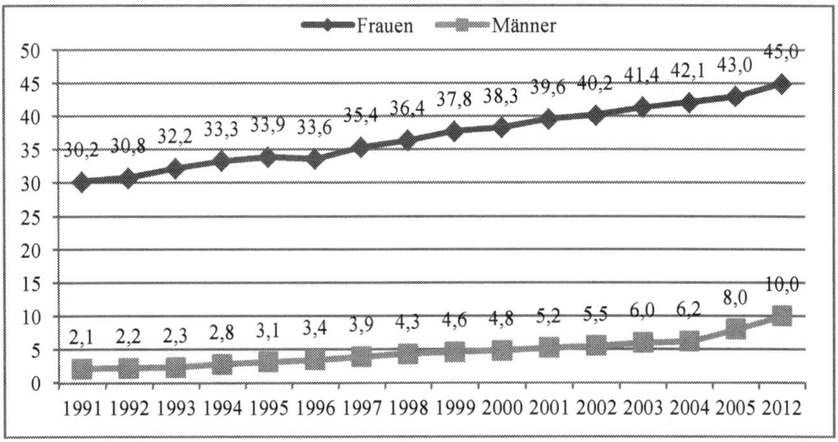

Abbildung 19: Teilzeitquote von abhängig erwerbstätigen Frauen und Männern in Deutschland 1991 bis 2004 in Prozent (Eigene Darstellung in Anlehnung an BMFSFJ, 2005, S. 123; Brenke, 2011, S. 7)

Einhergehend mit einer Teilzeitbeschäftigung sinkt jedoch die Chance auf eine Führungsposition deutlich; so arbeiten lediglich fünf Prozent der Führungskräfte in Deutschland in Teilzeit. Hierbei liegt der Anteil bei den weiblichen Führungskräften mit 14,6 Prozent noch deutlich über dem Anteil von 1,2 Prozent der männlichen Führungskräfte (Hipp & Stuth, 2013). Das Karrierehemmnis „Teilzeitarbeit" ist zum Teil der Präsenzkultur der Unternehmen geschuldet, welche die Anwesenheit von Mitarbeitern und Führungskräften hoch bewerten und oft unbewusst mit Engagement und Einsatz für das Unternehmen gleichsetzen (Henn, 2012; BMFSFJ, 2011a).

Zwar kann Teilzeitarbeit als Instrument zur Förderung der Vereinbarkeit von Familie und Beruf dienen, jedoch zeigen sich neben den karrierehinderlichen Auswirkungen noch weitere negative Folgen. Wie der erste Gleichstellungsbericht der Bundesregierung konstatiert, zeigen sich in der Lebensverlaufsperspektive vor allem die Nachteile von geringfügigen Beschäftigungen. Insbesondere die politisch geförderten Minijobs führen selten zurück in die sozialversicherungspflichtige Beschäftigung. Häufig verbunden mit einem Niedriglohnniveau, gefährdet die geringfügige Beschäftigung die soziale Absicherung von Frauen (BMFSFJ, 2011a).

Die Arbeits- und Familienpolitik in Deutschland unterstützt damit durch eine Vielzahl von politischen Maßnahmen das bereits skizzierte traditionelle Ernährermodell. Die steigende Teilzeitbeschäftigung von Frauen ist daher zu einem Großteil auf politische Maßnahmen zurückzuführen (Ochsenfeld, 2012; Berghahn, 2006; Boll & Reich, 2012; Bothfeld, 2008).

Selbstverpflichtung der Wirtschaft

Der „Vereinbarung zwischen der Bundesregierung und den Spitzenverbänden der deutschen Wirtschaft zur Förderung der Chancengleichheit von Frauen und Männern in der Privatwirtschaft" war zunächst eine Einigung innerhalb der rot-grünen Koalitionsregierung vorausgegangen. Diese hatten in ihrer Koalitionsvereinbarung die Gleichstellung von Mann und Frau zu einem großen gesellschaftlichen Reformprojekt erklärt. Hierzu gehörte die Einführung von verbindlichen Regelungen zur Frauenförderung, welche auch in der Privatwirtschaft Anwendung finden sollten (Langes, 2010). 2001 wurde unter der damaligen Bundesministerin für Familie, Senioren, Frauen und Jugend, Sabine Bergmann (SPD), ein Gesetzesentwurf zur Durchsetzung der Gleichstellung von Frauen und Männern vorgelegt, der jedoch am Widerstand der Wirtschaftsverbände scheiterte. Anstelle dessen einigte sich die Bundesregierung mit den Spitzenverbänden der Wirtschaft auf eine Selbstverpflichtung (Berghahn, 2006; Langes, 2010).

Ziel der Vereinbarung ist es, die beruflichen Chancen von Frauen sowie die Vereinbarkeit von Familie und Beruf für Mütter und Väter zu verbessern. Vor allem soll damit eine Erhöhung des Beschäftigungsanteils von Frauen insbesondere in Führungspositionen erreicht werden. Hierzu verpflichteten sich die Spitzenverbände, ihren Mitgliedern betriebliche Maßnahmen zur Verbesserung der Chancengleichheit von Frauen und Männern sowie Familienfreundlichkeit zu empfehlen (Krell & Ortlieb, 2003). Zu diesen Maßnahmen zählen unter anderem:

- Chancengleichheit und Familienfreundlichkeit in der Unternehmensphilosophie zu verankern,
- Förderung der Chancengleichheit und der Vereinbarkeit von Familie und Beruf als ausdrückliche Aufgaben für Beschäftigte mit Leitungsfunktion zu formulieren,
- den Anteil von Frauen in Führungspositionen zu erhöhen, z.B. durch verstärkte Einbeziehung von Frauen in Weiterbildungsprogramme für Führungskräfte, durch Mentoring- und Shadowingprogramme sowie durch Teilzeitangebote auch für Führungskräfte,
- Angebote bereitzustellen, um mehr junge Frauen für zukunftsorientierte Ausbildungen und Studiengänge zu gewinnen und ihnen nach Abschluss der Ausbildung berufliche Perspektiven zu eröffnen,
- Vereinbarkeit von Familie und Beruf für Mütter und Väter zu verbessern, z.B. durch flexible Arbeitsformen, Gleitzeit, Arbeitszeitkonten, Sabbaticals, Telearbeit, Job-Sharing sowie Unterstützung bei der Kinderbetreuung,
- die flexible Gestaltung der Familienphase zu ermöglichen, z.B. durch Angebote zur Teilnahme an betrieblichen Informationsveranstaltungen, Übertragung von Urlaubsvertretungen während der Elternzeit sowie durch Wiedereingliederungsprogramme für Berufsrückkehrerinnen und
- verbindliche Zielsetzungen zur Verwirklichung von Chancengleichheit und Familienfreundlichkeit in den Unternehmen unter Beteiligung der Mitarbeiter und Mitarbeiterinnen zu formulieren und zu dokumentieren (Krell & Ortlieb, 2003).

Die Entwicklung des Frauenanteils in Führungspositionen seit 2001 zeigt, dass nach wie vor Frauen deutlich unterrepräsentiert sind. Trotz Selbstverpflichtung der Unternehmen zur Erhöhung des Frauenanteils in Managementpositionen der Wirtschaft vollzog sich in den vergangenen Jahren nur ein sehr langsamer Entwicklungsprozess mit geringen Zuwächsen (vgl. hierzu Kapitel 4.2). Insgesamt wird die Vereinbarung damit als wirkungslos und gescheitert beurteilt. Vor allem die fehlenden Zielvorgaben innerhalb der Selbstverpflichtung erschweren die Evaluation der Maßnahmen (Holst & Wiemer, 2010a; BMFSFJ, 2011a; Langes, 2010).

Noch deutlich provokanter äußerte sich 2013 Kristina Schröder, damalige Bundesministerin für Familien, Senioren, Frauen und Jugend (CDU), zur Selbstverpflichtung der Wirtschaft in ihrer Rede vor dem deutschen Bundestag zum Thema Frauen in Führungspositionen:

> [...] es ist schon dreist, wie sich SPD und Grüne hier präsentieren. Sie waren es doch, die 2001 das Thema 'Frauen in Führungspositionen' in einen zehn Jahre langen Dornröschenschlaf versetzt haben. [...] Sie waren es, die 2001 als rot-grüne Bundesregierung mit den Arbeitgeberverbänden einen Handel abgeschlossen haben, der nur ein einziges Ziel hatte, nämlich die Frauen ruhig zu stellen. [...] ein Deal auf dem Rücken der Frauen. [...]
>
> 'Die Spitzenverbände der Wirtschaft sagen zu, ihren Mitgliedern betriebliche Maßnahmen zur Verbesserung der Chancengleichheit von Frauen und Männern ... zu empfehlen.' Na, Donnerwetter! Das kann man sich ja richtig vorstellen, wie da der Herr Hundt dem Herrn Ackermann begegnet und sagt: 'Du, ich empfehle dir da mal 'ne Maßnahme.' Meine Damen und Herren, das das ist einfach nur naiv. " [...]
>
> Dazu behaupten sie permanent, das seien damals Selbstverpflichtungen von Unternehmen gewesen. Ich sage Ihnen, wie viele Unternehmen da unterschrieben haben: null, kein einziges Unternehmen. Sie haben sich mit unverbindlichen Absichtserklärungen auf Funktionärsebene zufriedengegeben, und sie haben kein einziges Unternehmen direkt in die Pflicht genommen (BMFSFJ, 2013c).

Schröder selbst stimmt jedoch gegen eine verbindliche gesetzliche Frauenquote in Unternehmen und für die sogenannte Flexi-Quote für Frauen in Führungspositionen aus (BMFSFJ, 2011b). Dennoch werden aus ihrer Rede weitere Problematiken der Selbstverpflichtung ersichtlich. Mit der Vereinbarung geht eine absolute Unverbindlichkeit einher, denn sie basiert lediglich auf Empfehlungen. Zudem haben ausschließlich die Spitzenverbände die Vereinbarung zur Förderung der Chancengleichheit von Frauen und Männern in der Privatwirtschaft unterzeichnet. Damit scheint die Frauenförderung in 2001 vielmehr politisches Kalkül, als eine klare Positionierung der Parteien für mehr Frauen in Führung gewesen zu sein.

Frauenquote

Der Einführung einer gesetzlichen Frauenquote geht bereits eine lange Diskussion zwischen Kritikern und Befürwortern voraus (Stuber, 2013; Bauernschuster & Fichtl, 2013). Nachdem die gesetzliche Frauenquote 2001 gescheitert war, folgte 2009 durch den Koalitionsvertrag von CDU/CSU und FDP die Ankündigung eines Stufenplans zur Erhöhung des Frauenanteils in Führungspositionen. Kernstück dieser Regelung sollte die sogenannte Flexi-Quote darstellen, welche die Einführung einer gesetzlichen Regelung zur Selbstverpflichtung vorsah. Hierbei sollten börsennotierte und voll mitbestimmte Unternehmen eine Frauenquote selbst bestimmen, diese veröffentlichen und rechtfertigen. Sollten diese selbst gesteckten Ziele nicht erreicht werden, sah der Stufenplan gesellschaftsrechtliche Sanktionen vor, wie beispielsweise die Anfechtbarkeit oder Nichtigkeit einer Aufsichtsratswahl (Bauernschuster & Fichtl, 2013).

Bis 2013 war jedoch weder die Flexi-Quote vom Bundestag beschlossen, noch hatte der Bundestag den Gesetzesentwürfen von der Fraktion Bündnis 90/Die Grünen im Jahr 2011 (Deutscher Bundestag, 2011) und der SPD im Jahr 2013 zu einer festen gesetzlichen Frauenquote zugestimmt (SPD Bundestagsfraktion, 2013).

Nach dem Regierungswechsel wurde die verbindliche Frauenquote für die Privatwirtschaft wieder aufgegriffen und im Koalitionsvertrag der großen Koalition von CDU/CSU und SPD aufgenommen:

> Koalitionsvertrag: Frauenquote/Gleichstellung im Erwerbsleben
> Frauen in Führungspositionen: Wir wollen den Anteil weiblicher Führungskräfte in Deutschland erhöhen. Deshalb werden wir zu Beginn der 18. Wahlperiode des Deutschen Bundestages Geschlechterquoten in Vorständen und Aufsichtsräten in Unternehmen gesetzlich einführen.
>
> Aufsichtsräte von voll mitbestimmungspflichtigen und börsennotierten Unternehmen, die ab dem Jahr 2016 neu besetzt werden, sollen eine Geschlechterquote von mindestens 30 Prozent aufweisen.
>
> Wir werden eine Regelung erarbeiten, dass bei Nichterreichen dieser Quote die für das unterrepräsentierte Geschlecht vorgesehenen Stühle frei bleiben.
>
> Wir werden börsennotierte oder mitbestimmungspflichtige Unternehmen gesetzlich verpflichten, ab 2015 verbindliche Zielgrößen für die Erhöhung des Frauenanteils im Aufsichtsrat, Vorstand und in den obersten Management-Ebenen festzulegen und zu veröffentlichen und hierüber transparent zu berichten. Die ersten Zielgrößen müssen innerhalb der 18. Wahlperiode des Deutschen Bundestages erreicht werden und dürfen nicht nachträglich nach unten berichtigt werden.
>
> Darüber hinaus werden wir Maßnahmen für die Privatwirtschaft ergreifen, die eine Förderung von Frauen in allen Betriebshierarchien zum Ziel haben.
>
> Die Koalition wird im Einflussbereich des Bundes eine gezielte Gleichstellungspolitik vorantreiben, um den Anteil von Frauen in Führungspositionen und in Gremien zu erhöhen und Entgeltungleichheit abzubauen. Dazu entwickeln wir einen Gleichstellungsindex und führen für die Bundesverwaltung eine proaktive Umsetzung des Bundesgleichstellungsgesetzes und des Bundesgremienbesetzungsgesetzes ein (CDU, CSU & SPD, 2013, S. 72).

2014 erfolgt die Veröffentlichung der Leitlinien für das Gesetzgebungsverfahren zum „Gesetz für die gleichberechtigte Teilhabe von Frauen und Männern an Führungspositionen in der Privatwirtschaft und im Öffentlichen Dienst", welches das im Koalitionsvertrag angekündigte Gesetzesvorhaben expliziert. Hiernach sollen ab 2016 sowohl auf Anteilseigner- als auch Arbeitnehmerseite die Mindestquote von 30 Prozent Frauenanteil in den Aufsichtsräten börsennotierter und voll mitbestimmungspflichtiger Unternehmen sukzessive umgesetzt werden. Eine Anrechnung der jeweils anderen Seite ist hierbei nicht möglich; die Verletzung der Mindestquote führt dazu, dass der Aufsichtsratsposten unbesetzt bleibt. Nach Schätzungen des BMFJFS und BMJV sind von der Neuregelung ca. 110 Gesellschaften betroffen. Ebenso werden ergänzend dazu in den Leitlinien verbindliche Zielvorgaben für Vorstände und oberste Management-Ebenen (inkludiert die jeweils ersten beiden Führungsebenen unterhalb des Vorstands) von börsennotierten oder mitbestimmungspflichtigen Unternehmen gefordert. Hierbei legen Aufsichtsräte und Vorstände die Zielquoten und Zielerreichungsfristen eigenständig fest, tragen die Verantwortung für die Veröffentlichung der Vorgaben und müssen bei Nichterreichen dieser die Gründe hierfür nachvollziehbar darlegen. Ebenso beinhaltet die Leitlinie - analog zu den gesetzlichen Regelungen für die Privatwirtschaft - Verschärfungen zum Bundesgleichstellungsgesetz. Bereits 2015 soll das neue Gesetz zur Frauenquote in Kraft treten, wobei nach drei Jahren im Rahmen einer Gesetzesevaluation der Erfolg gemessen und bewertet werden soll (BMJV & BMFSFJ, 2014).

Im Zuge der bereits mehrere Jahre andauernden Diskussion um die Einführung einer gesetzlichen Regelung hat sich eine Reihe Argumente für und gegen die Quote herausgebildet. So argumentieren vor allem die Gegner, dass sie eine Frauenquote ablehnen, weil dadurch Männer diskriminiert und benachteiligt würden und den Frauen der Weg in die obersten Führungsetagen zu einfach gemacht würde. Zudem sei nicht sichergestellt, dass Frauen auch tatsächlich Karriere machen wollen (Lorenz, 2013). Ein vom Land Nordrhein-Westfalen in Auftrag gegebenes aktuelles Rechtsgutachten zur Zulässigkeit von Zielquoten für Frauen in Führungspositionen im öffentlichen Dienst konnte jedoch keine Diskriminierung von Männern feststellen. Bei leistungsbezogenen Zielquoten, also bei einer Entscheidung zugunsten einer Frau bei gleicher Qualifikation, Leistung und Befähigung sei die Quote verfassungs- und europarechtlich unbedenklich (Papier & Heidebach, 2014).

Als ein weiteres Argument gegen die Quote werden negative Effekte und Verzerrungen durch den staatlichen Eingriff in Entscheidungen der Unternehmen angeführt. Demnach würden hierdurch Wohlfahrtsverluste entstehen. Diese Behauptung impliziert jedoch, dass die Personalpolitik der Unternehmen heute rational gesteuert wird. Angesichts des hohen Bildungsniveaus von Frauen und der aktuellen Ungleichstellung ist aber aus volkswirtschaftlicher Sicht vielmehr von einer (nicht rationalen) Verschwendung von Ressourcen auszugehen (Bauernschuster & Fichtl, 2013).

Gegner der Quote, die als zentrales Hemmnis die Unternehmenskultur und klassische Rollenbilder sehen, glauben, dass ein Kulturwandel in Unternehmen nicht durch gesetzliche Regelungen und Druck vollzogen werden kann. Demgegenüber argumentieren Befürworter der Quote, dass jede andere Zielvorgabe in Unternehmen mit konkreten Zahlen hinterlegt ist. Zielwerte schaffen demnach Verbindlichkeit und Transparenz über Erfolge und wirken als internes Steuerungsinstrument (Rößler, 2014). Insbesondere die Argumentation über die Unternehmenskultur und Rollenbilder macht ersichtlich, dass es unerlässlich ist, die Unterrepräsentanz von Frauen in Führungspositionen nicht eindimensional zu betrachten. Die vorhergehende Analyse der politischen Einflussfaktoren konnte bereits aufzeigen, dass eben jenes klassische Rollenbild gesetzlich gefördert wird (vgl. hierzu den Abschnitt zur Familienpolitik).

Als Beispiele zur Wirkung einer gesetzlichen Frauenquote können europäische Länder, welche bereits eine gesetzliche Regelung beschlossen haben, herangezogen werden. Tabelle 18 zeigt eine Übersicht ausgewählter europäischer Länder mit gesetzlicher Frauenquote für private Unternehmen.

Tabelle 18: Gesetzliche Frauenquote in ausgewählten Ländern Europas für private Unternehmen (Eigene Darstellung in Anlehnung an Bauernschuster & Fichtl, 2013)

Land	**Einführungsjahr (Umsetzung bis)**	**Frauenquoten mindestens**	**Gültig für**
Norwegen	2006 (2008)	40 % (Staffelung zw. 33,33 -50 %)	börsennotierte Aktiengesellschaften
Island	2010 (2013)	40 %	Verwaltungsräte in Aktiengesellschaften ab jeweils 50 Mitarbeitern
Frankreich	2011 (2014 : 1. Stufe; 2017: 2. Stufe)	Stufe: 20 % Stufe: 40 %	Aufsichtsräte börsennotierter Unternehmen, nicht-börsennotierter Unternehmen mit mind. 500 Mitarbeitern und Umsätzen von mehr als 50 Mio. Euro in den letzten drei Jahren
Niederlande	2011 (2016 – dann Überprüfung)	30 %	Aufsichtsräte von größeren Aktiengesellschaften und sonstigen Unternehmen, die mindestens zwei der drei Kriterien erfüllen: Gesamtwert des Unternehmensvermögens > 17,5 Mio. Euro; Nettoumsatz > 35 Mio. Euro; Ø jährliche Mitarbeiterzahl > 250
Italien	2011 (2015)	Ein Drittel	Aufsichtsräte und Vorstände börsennotierter Unternehmen

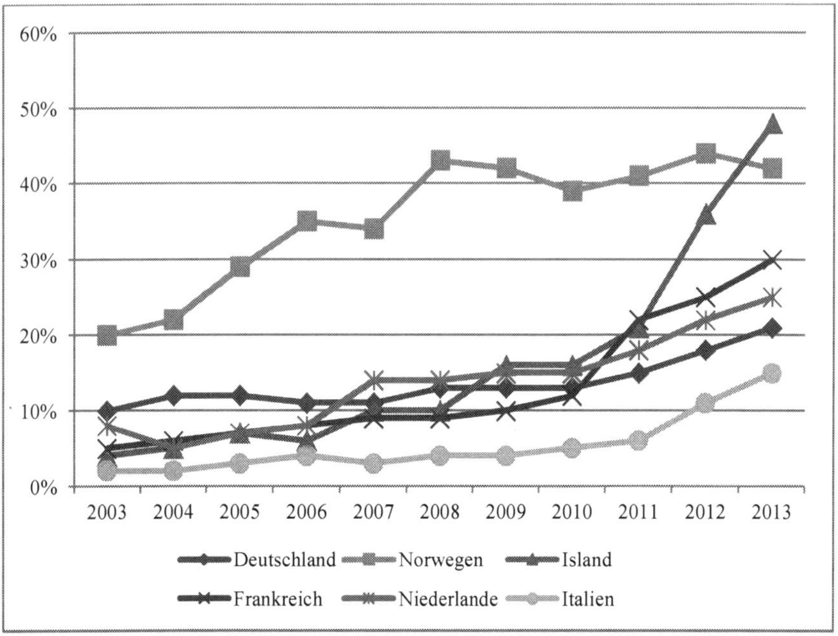

Abbildung 20: Frauenanteile in Aufsichts- oder Verwaltungsräten ausgewählter europäischer Länder (Eigene Darstellung in Anlehnung an Europäische Kommission, 2014)

Norwegen hatte 2004 als erstes Land eine verbindliche Quote für den Frauenanteil in Aufsichtsräten börsennotierter Unternehmen eingeführt. Zunächst galt diese Regelung lediglich für öffentliche Unternehmen, wurde dann im Jahr 2006 auf die Privatwirtschaft ausgeweitet (Hansen, Bührmann, & Heidenreich, 2012). Ebenso folgten in den Jahren danach unter anderem Länder wie Island, Frankreich, Niederlande und Italien (Bauernschuster & Fichtl, 2013). In den Ländern, in denen die Umsetzung bis heute erfolgen sollte, ist die Quote komplett erfüllt worden. So liegen die Frauenanteile in Norwegen und Island über 40 und in Frankreich sogar deutlich über 20 Prozent (vgl. Abbildung 20). Aber auch in Ländern, deren Umsetzungsfrist noch nicht abgelaufen ist, sind deutliche Zuwächse zu verzeichnen. In Italien hat sich so der Frauenanteil von fünf Prozent vor Einführung der Quote bereits auf 15 Prozent im Jahr 2013 erhöht (Europäische Kommission, 2014).

Die Entwicklung in Norwegen zeigt auf, dass nicht nur der Frauenanteil in den Aufsichtsräten deutlich gestiegen ist, sondern gleichzeitig auch, dass es eine Vielzahl Frauen gab, die qualifiziert und bereit waren, eine Führungsposition zu übernehmen. Zudem verringerten sich die Einkommensunterschiede zwischen den Geschlechtern innerhalb der Gremien sogar deutlich (Bertrand, Black, Jensen, & Lleras-Muney, 2014). Dennoch müssen bei einem Vergleich zwischen Norwegen und Deutschland einige Spezifika berücksichtigt werden, so förderte Norwegen beispielsweise bereits in den 1970er Jahren die Entwicklung hin zu einer deutlich gerechteren Genderbalance im öffentlichen Leben und der Arbeitswelt (Hansen, Bührmann, & Heidenreich, 2012).

Fazit zum Einfluss der politischen Faktoren

Das Potenzial der Frauen ist er- und bekannt, dennoch bleiben die Qualifikationen und damit verbundenen Ressourcen größtenteils ungenutzt. Die Gleichstellungspolitik in Deutschland hat lange Zeit die gleichberechtigte Teilhabe von Frauen am Erwerbsleben verhindert, so dass es Jahrzehnte benötigte, bis die Erwerbsquote von Frauen sich der Quote der Männer angenähert hatte. Veränderungen in der gesetzlichen Grundlage zur Gleichstellung veränderten sich dabei häufig nur auf Druck von außen, beispielsweise durch EU-Richtlinien oder starker Frauenbewegungen. Damit wurde lange Zeit durch die Gleichstellungspolitik ein Rollenbild der Frau manifestiert, welches dem Mann untergeordnet ist.

Mit Stärkung der Gleichberechtigung der Frauen wurde aber gleichzeitig durch die Familien- und Arbeitspolitik das Rollenbild der Frau als Mutter und Hausfrau neuerlich geprägt. Vor allem durch deutliche monetäre Anreize werden Mütter dazu motiviert, nach der Geburt eines Kindes die Erwerbsarbeit zu unterbrechen. Durch eine Ausweitung der Teilzeitarbeit und der verlängerten Erwerbsunterbrechung haben es Frauen dadurch deutlich schwerer beim beruflichen Aufstieg.

Demgegenüber stehen die Fördermaßnahmen, welche sich in der Vergangenheit insbesondere auf die Selbstverpflichtung der Unternehmen und Kampagnen beschränkt haben und keine besonders große Wirkung gezeigt haben. Zudem wurde lange Zeit eine aktive Förderung, beispielsweise in Form einer verbindlichen Frauenquote, vermieden. Abbildung 21 soll das Ungleichgewicht zwischen den aufstiegshemmenden und -förderlichen politischen Maßnahmen verdeutlichen.

Es wird deutlich, dass die politischen Einflüsse sehr konträr ansetzen, dabei aber einseitig wirken. Vor allem fördert die Politik damit ein gesellschaftlich akzeptiertes, klassisches Rollenbild der Frau, welches im Kontrast zu dem von Frauen in Führungspositionen steht. Hierauf soll im folgenden Abschnitt näher eingegangen werden.

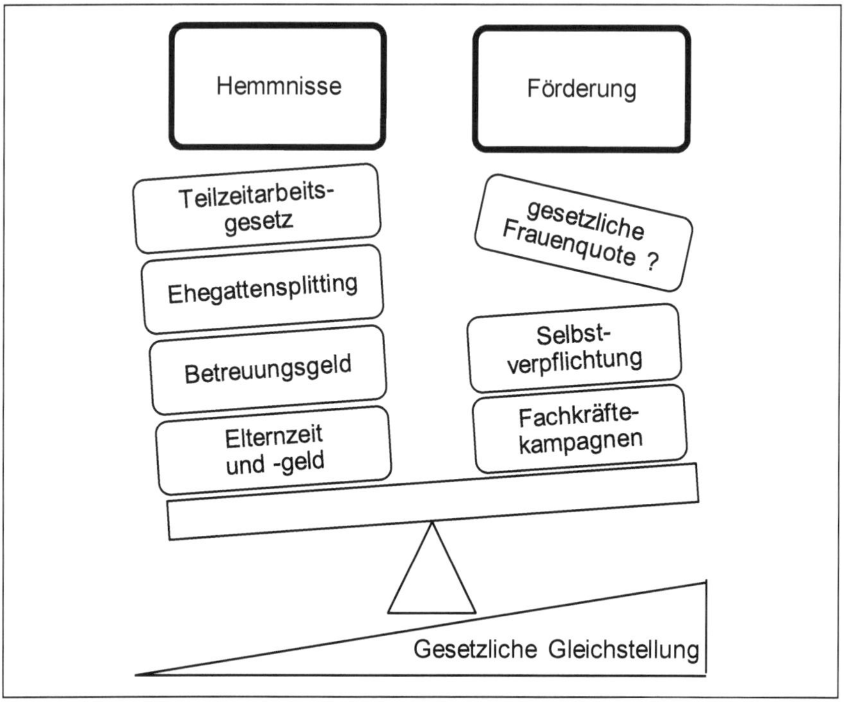

Abbildung 21: Ungleichgewicht der politischen Regelungen in Bezug auf die Frauenförderung (Eigene Darstellung)

5.2.2 Sozio-kulturelle Faktoren

Als zentrales Hemmnis für den weiblichen Aufstieg in die Führungsetagen werden vor allem geschlechterspezifische Rollenbilder und Stereotype von Führungskräften angeführt (Abele, 2013; Stangel-Meseke, 2009). Die Analyse der politischen Faktoren (vgl. Kapitel 5.2.1) hat bereits aufzeigen können, wie durch Politik und Gesetzgebung Rollenbilder in der Vergangenheit geprägt wurden. Es soll nun im Folgenden aufgezeigt werden, wie sich diese Rollenbilder und (Geschlechter-) Stereotype als sozio-kulturelle Einflussfaktoren auf die Repräsentanz von Frauen in Führungspositionen auswirken. Zunächst wird hierzu ein kurzer Überblick über Rollenbilder, Stereotype und deren Folgen im Allgemeinen gegeben, um im Anschluss daran die Geschlechterstereotypen von Führungskräften und deren Auswirkungen auf die beruflichen Chancen von Frauen im Speziellen näher zu beleuchten. Darüber hinaus wird aufgezeigt, wie durch mediale Einflüsse das Bild der Frau seit Jahrzehnten reproduziert und gefestigt wird.

Rollenbilder und Stereotype

Wie bereits in Kapitel 2.1 zur Erläuterung der Begriffe „Frauen und Geschlecht" ausgeführt wurde, handelt es sich beim Geschlecht - neben der biologischen Merkmalsausprägung - auch um ein soziales Konstrukt. Durch diese sozial definierte Kategorisierung und damit verbundenen Rollenzuschreibung sind Erwartungen an die Rollenträger verknüpft (Athenstaedt & Alfermann, 2011). Die Kategorisierung von Mann und Frau enthält Zuschreibungen von bestimmten Charakteristika, die vor allem der leichteren Informationsverarbeitung dienen. Diese führt aber auch gleichzeitig zu einem Informationsverlust, so dass Individuen auf Basis ihrer Gruppenzugehörigkeit beurteilt werden (Mackie, Hamilton, Susskind & Rosselli, 1996, zitiert nach Athenstaedt & Alfermann, 2011).

In ähnlicher Weise beeinflussen Stereotype, nach Ganter (1997, S. 6) definiert als „Meinungen bzw. Wahrscheinlichkeitsurteile über die Merkmale, Eigenschaften oder Attribute von Personen, die bestimmten Kategorien (oder Gruppen) zugeordnet werden, und zwar aufgrund dieser Zuordnung bzw. Kategorisierung", die Interaktion zwischen den Beteiligen und deren Bewertungen (Gmür, 2004). Demnach sind Geschlechterstereotype „persönliche Überzeugungen und Erwartungen hinsichtlich der typischen Charakteristika von Männern und Frauen" (Hannover, 2006, zitiert nach Athenstaedt & Alfermann, 2011, S.14).

Stereotype haben unterschiedlichen Funktionen; zum einen dienen auch sie – wie Rollenbilder – der Vereinfachung der sozialen Wahrnehmung und zum anderen bieten sie eine Legitimationsgrundlage gesellschaftlicher Praktiken. Hierbei wird zwischen der deskriptiven und präskriptiven Verwendung differenziert. Die deskriptive Perspektive beinhaltet die soziale Wahrnehmung und Meinung, wie Menschen typischerweise sind. Hierdurch wird zum einen die Interaktion untereinander vereinfacht, aber zum anderen auch eine Erwartungshaltung generiert. Die präskriptive Verwendung basiert auf der Meinung, wie Menschen sein sollten. Damit beruht diese Perspektive auf traditionell definierten Geschlechterrollen. Abweichungen des tatsächlich beobachteten Verhaltens von der vorgegebenen gesellschaftlichen Rolle werden in der Regel sanktioniert (Athenstaedt & Alfermann, 2011; Eckes, 2010).

Das Zusammenspiel zwischen grundsätzlicher biologischer, sozialer und psychologischer Geschlechterdifferenzierung – genannt Geschlechtertypisierung – ist ein über den Lebensverlauf andauernder Entwicklungsprozess, der sich unter sozio-kultureller Beeinflussung, wie beispielsweise durch Eltern oder Gleichaltrige, stetig verändern kann. Die soziale Kategorisierung und Stereotypisierung hingegen ist über die Lebensspanne und verschiedene Kulturen relativ stabil. Bereits im frühkindlichen Alter ist die Verwendung von geschlechtsspezifischen Stereotypen nachweisbar, beispielsweise durch Präferenzen für bestimm-

Tabelle 19: Stereotype maskuline und feminine Eigenschaften (Eigene Darstellung in Anlehnung an Williams & Best, 1990, zitiert nach Athenstaedt & Alfermann, 2011)

Stereotype maskuline Eigenschaften		Stereotype feminine Eigenschaften	
Anmaßend	Kräftig	Abergläubisch	Schwach
Aggressiv	Kühn	Abhängig	Sanft
Dominant	Logisch denkend	Affektiert	Sexy
Egoistisch	Mutig	Attraktiv	Träumerisch
Ehrgeizig	Rational	Charmant	Unterwürfig
Einfallsreich	Robust	Einfühlsam	Weichherzig
Emotionslos	Selbstbewusst	Emotional	
Entschlossen	Tatkräftig	Furchtsam	
Erfinderisch	Unabhängig	Gefühlvoll	
Ergreift die Initiative	Unnachgiebig	Geschwätzig	
Fortschrittlich	Weise	Liebevoll	
Klar denkend		Milde	

te Spielzeuge. Die Aneignung von Stereotypen ist dabei stark sprachgebunden und verlangt Wissen auf abstraktem Niveau. Der Abschluss der Einwicklung und Übernahme von Stereotypen vollzieht sich dabei ungefähr mit dem Ende der Grundschulzeit (Williams & Best, 1990, zitiert nach Athenstaedt & Alfermann, 2011; Eckes, 2010).

Geschlechterstereotype beinhalten damit vor allem die Meinung über Eigenschaften und Verhaltensweisen über Männer und Frauen, wie sie typischerweise sind oder sein sollten. Tabelle 19 zeigt eine Übersicht über die allgemeinen Stereotype maskuliner und femininer Eigenschaften.

Männern werden demnach vor allem sogenannte agentische Eigenschaften wie Dominanz, Unabhängigkeit, Rationalität, Selbstsicherheit, Leistungsorientierung, Konkurrenzfreudigkeit und geringere Emotionalität zugesprochen. Frauen hingegen werden eher durch kommunale Eigenschaften wie Sanftheit, Einfühlungsvermögen, Abhängigkeit, Emotionalität, Nachgiebigkeit und reaktives Verhalten beschrieben (Williams & Best, 1990, zitiert nach Abele, 2013).

Die Forschungsergebnisse von Willams und Best (1990, zitiert nach Abele, 2013) zeigen auf, dass an Frauen und Männer sehr unterschiedliche Erwartungen in Bezug auf Verhalten und Eigenschaften geknüpft werden. Eine umfangreiche Metaanalyse mit abschließender Formulierung der „Gender Similarities Hypothesis“ von Hyde (2005) hat jedoch gezeigt, dass bis auf wenige physische Abweichungen keine psychologischen Unterschiede zwischen den Geschlechtern bestehen.

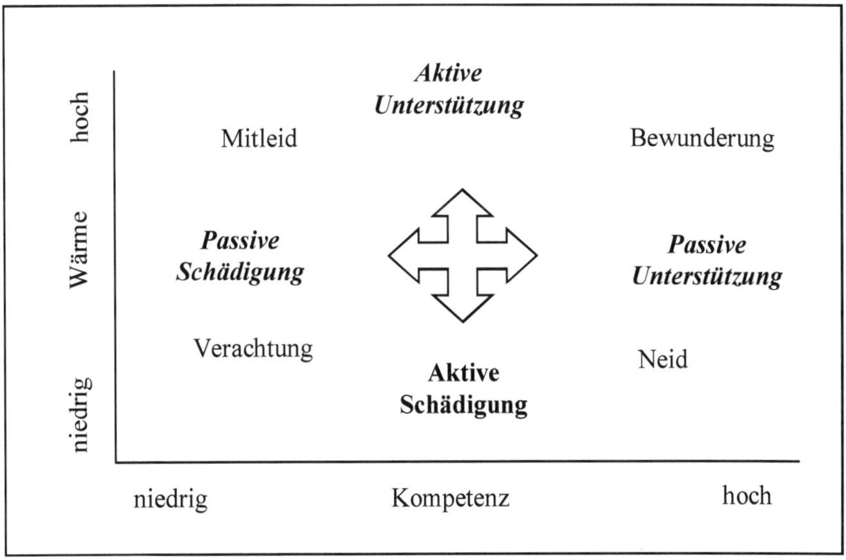

Abbildung 22: Zusammenspiel zwischen stereotypen Erwartungen, Emotionen und verhaltensbezogenen Reaktionen (Cuddy, Fiske & Glick, 2007, S. 634)

Mit den geschlechtsstereotypen Erwartungen an Verhalten und Eigenschaften sind Konsequenzen verbunden: Menschen beurteilen andere basierend auf ihren Erwartungen; Abweichungen von erwartetem Verhalten oder Eigenschaften können dabei Emotionen und verhaltensbezogene Reaktionen auslösen. Hierbei zeigten sich vor allem an den Hauptdimensionen „Kompetenz“ (Stereotype maskuline Eigenschaft) und „Wärme“ (Stereotype feminine Eigenschaft) differenzierte Emotionen und Verhaltensweisen (Cuddy, Fiske, & Glick, 2007). Die folgende Abbildung 22 zeigt das Zusammenspiel zwischen ambivalenten stereotypen Erwartungen, Emotionen und verhaltensbezogenen Reaktionen.

Nach Athenstaedt und Alfermann (2011) werden Mütter demnach besonders hoch in Bezug auf die Dimension Wärme und besonders niedrig in Bezug auf Kompetenz eingestuft. Ihnen wird daher gesellschaftlich vor allem Mitleid entgegengebracht. Frauen in Führungspositionen wird demgegenüber eine sehr hohe Kompetenz zugesprochen, jedoch nur ein geringes Maß an Wärme. Sie lösen daher eher Neid aus und erfahren somit tendenziell häufiger lediglich eine passive Unterstützung oder sogar aktive Schädigung durch ihr Umfeld.

Frauen in Führungspositionen und Stereotype

Die vorangegangen Erkenntnisse zu ambivalenten Stereotypen werden gestützt durch die „Rollenkongruenztheorie für Vorurteile gegenüber weiblichen Führungspersonen“ nach Eagly und Karau (2002). Diese basiert eben auf jener Erkenntnis, dass die grundsätzlichen stereotypen Erwartungen an Frauen nicht denen an eine Führungsperson entsprechen. Dieses sogenannte „think manager – think male stereotyp“ führt zu einer verringerten Wahrnehmung von Frauen als potenzielle Führungskräfte (von Rennenkampff, 2005).

Damit führen Stereotype von Frauen und Männern auch zu einer differenzierten Beurteilung von Führungskräften. So haben sich bereits einige Studien in der Vergangenheit mit dem Idealbild von Führungspersonen auseinandergesetzt. Sczesny und Stahlberg (2002) untersuchten hierzu die geschlechterstereotype Selbst- und Fremdwahrnehmung von Führungskräften. Erfragt wurden hierbei zum einen die Einschätzung hinsichtlich aufgabenorientierter Führungsmerkmale wie Zielstrebigkeit, erfolgreiche Selbstdarstellung, Autorität, Selbstdisziplin, Verhandlungsgeschick, Risokobereitschaft, Ehrgeiz, Belastbarkeit, Eigeninitiative, Fleiß, Delegationsfähigkeit, Konkurrenzdenken, Organisationsvermögen, Selbstsicherheit, innovativem Denken, Machtstreben, Sachlichkeit, Durchsetzungsfähigkeit, Überzeugungskraft und Karriereorientierung. Zum anderen wurde die Einschätzung hinsichtlich der personenorientierten Führungsmerkmale erhoben. Zu diesen zählten: gutes Urteilsvermögen, Flexibilität, Kooperationsfähigkeit, Problemlösefähigkeit, Kreativität, Fairness, Konfliktfähigkeit, Intuition, Verantwortungsbewusstsein, Teamfähigkeit, Fähigkeit, andere zu motivieren, Vertrauenswürdigkeit, Empathie, offenes und kommunikatives Auftreten, Ausgeglichenheit, Einfühlungsvermögen, Bescheidenheit, attraktives Erscheinungsbild, Toleranz und Fähigkeit, eigene Fehler einzugestehen (Sczesny, 2003). Die Ergebnisse zeigten auf, dass bei der Fremdwahrnehmung der Befragten eine deutlich höhere Übereinstimmung zwischen dem Bild allgemeiner Führungskräfte mit dem Bild von Männern im Allgemeinen, bzw. mit dem Bild männlicher Führungskräfte festgestellt werden konnte, als zu Frauen im Allgemeinen, bzw. weiblichen Führungskräften. Bei der Selbstwahrnehmung hingegen konnten keine signifikaten Unterschiede gefunden werden – Frauen und Männer schätzen sich hinsichtlich ihrer Führungseigenschaften insgesamt gleich ein (Sczesny & Stahlberg, 2002).

Gmür (2004) analysierte in einer umfangreichen Metaanalyse verschiedene empirische Studien zu Managerinnen- und Geschlechterstereotype, die auf Grundlage des Bem Sex Role Inventory (BSRI) erfolgten. Das Geschlechtsrolleninventar BSRI ermittelt auf Basis der Items die soziale Erwünschtheit der abgefragten Eigenschaften (Bem, 1974).

Tabelle 20: BSRI-Items (Bem, 1974, S. 156)

Männliche Items	**Neutrale Items**	**Weibliche Items**
Aggressiv	Anpassungsfähig	Drückt sich nicht grob aus
Analytisch	Eifersüchtig	Einfühlsam
Athletisch	Eingebildet	Fröhlich
Bereit, für etwas einzutreten	Ernst	Gefühlvoll
Dominant	Feierlich	Kinderlieb
Ehrgeizig	Freundschaftlich	Kindlich
Eigenständig	Gewissenhaft	Leichtgläubig
Energisch	Glücklich	Loyal
Entscheidungsfreudig	Heimlichtuerisch	Mitfühlend
Hat eine starke Persönlichkeit	Hilfsbereit	Mitleidend
Hat Führungsfähigkeiten	Ineffizient	Nachgiebig
Individualistisch	Konventionell	Sanft
Männlich	Launisch	Schmeichelnd
Risikofreudig	Liebenswert	Schüchtern
Selbstständig	Taktvoll	Verständnisvoll
Sich selbst behauptend	Theatralisch	Versucht Verletzungen auszugleichen
Steht zu seiner Überzeugung	Unberechenbar	Warmherzig
Unabhängig	Unsystematisch	Weiblich
Verhält sich wie ein Führer	Vertrauensvoll	Zärtlich
Wettbewerbsorientiert	Zuverlässig	Zurückhaltend

Der Vergleich der Studien zur Übereinstimmung von männlichen und weiblichen Stereotypen und dem Manageridealprofil auf Grundlage des BSRI zeigt auf, dass mehrheitlich Manager allgemein durch männliche Eigenschaften typisiert wurden.

Gmür weist allerdings auf die Schwäche der BSRI-Items hin, da diese gar nicht auf den Managementbereich begrenzt sind. Für die Einschätzung von Frauen als ideale Führungskraft wird also lediglich das Rollenbild der Frau im Allgemeinen und nicht das einer Managerin im Speziellen herangezogen. Darüber hinaus konnte festgestellt werden, dass die ideale Managerin deutlich männlicher charakterisiert wird als der ideale Manager. Auf eben diese Inkongruenz zwischen weiblicher Geschlechterrolle und Führungsrolle weisen auch Eagly und Karau (2002) hin.

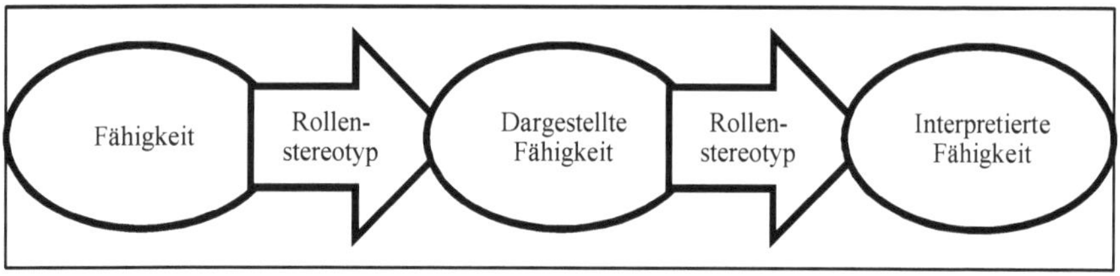

Abbildung 23: Doppelbelastung durch Rollenstereotype bei der Bewertung von Fähigkeiten (Herpers, 2013, S. 167)

Damit werden Karrierefrauen gleich zweifach als Abweichlerinnen wahrgenommen. Sie entsprechen weder dem typischen Bild einer Frau noch dem einer Führungskraft. Damit wird es deutlich schwieriger für erfolgreiche Frauen, ihrer Rollenerwartung gerecht zu werden. Adaptieren sie das männliche Managermodell, werden sie als nicht weiblich und authentisch wahrgenommen. (Rastetter, 2007; BMFSFJ, 2010). Verhalten sich Frauen „weiblich", werden ihnen der Wille zum beruflichen Aufstieg und die Führungskompetenz abgesprochen und dieser vermeintlich mangelnde Wille als weibliches Defizit ausgewiesen (Kaiser, Hochfeld, Gertje, & Schraudner, 2012).

Die Folgen der Inkongruenz zwischen dem Stereotyp der Frau und der einer Führungskraft wirken sich dabei in verschiedenen Bereichen für Frauen nachteilig aus, wodurch vor allem in Auswahlprozessen in männerdominierten betrieblichen Führungsstrukturen zu Ungunsten der Frauen entschieden wird. So wirkt sich die sogenannte „homosoziale Reproduktion", also die Bevorzugung von Bewerbern, die dem Auswählenden ähneln, negativ für die Frauen aus, da häufig nach wie vor männliche Führungskräfte über Besetzungen von Stellen entscheiden (Doppler, 2007; Herpers, 2013).

Vor allem die Nicht-Standardisierung von Entscheidungsprozessen bei Stellen-besetzungen lässt hierbei Raum für die subjektive, stereotyp-geleitete Eignungsbeurteilung von Führungskräften. Stereotype beeinflussen sowohl die Interpretation beobachteter Verhaltensweisen als auch die Einschätzung von Potenzialen und nicht beobachtbarem Verhalten (Gmür, 2004; Eagly & Karau, 2002). Zudem üben Stereotype unbewusst auch auf das Verhalten von Bewerbern Einfluss aus. Dies kann zu einer doppelten Verzerrung führen, wodurch die Bewertung der tatsächlichen Fähigkeiten und Eigenschaften von Bewerbern deutlich erschwert wird (Herpers, 2013).

Grundsätzlich betrifft diese Doppelbelastung durch Rollenstereotype bei der Bewertung von potenziellen Führungskräften beide Geschlechter, jedoch wirken sie sich bei Frauen durch die Inkongruenz der Stereotype von Frau und Führungskraft deutlich stärker aus, wodurch Frauen regelmäßig als weniger führungskompetent eingeschätzt werden (Herpers, 2013).

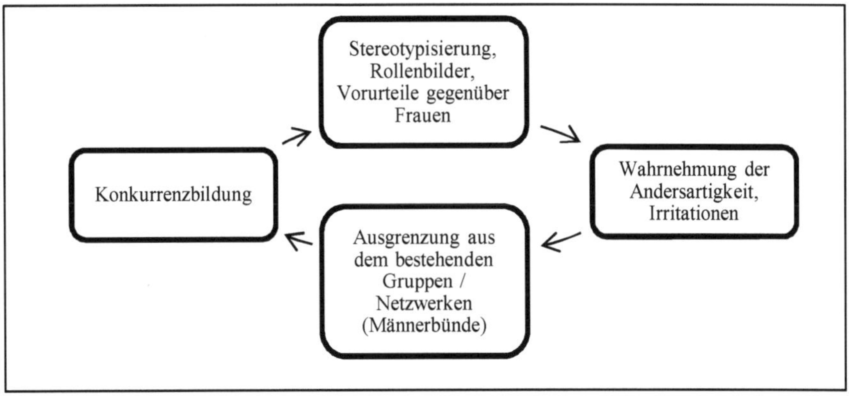

Abbildung 24: Zusammenhang von Gruppenkonkurrenz und Stereotypisierung von Frauen in Führungspositionen (Kaup, 2014, S. 28)

Neben der Benachteiligung bei Auswahlprozessen führt die Abweichung der Erfüllung von erwarteten Stereotypen zu weiteren Sanktionen insbesondere in Form von einem Ausschluss aus Gruppen (Athenstaedt & Alfermann, 2011). Demnach werden Frauen als Eindringlinge und Konkurrentinnen in den männerdominierten Führungsebenen wahrgenommen (Jüngling & Rastetter, 2009). Dieses Phänomen der Abwertung fremder Gruppen wurde bereits 1979 von Tajfel und Tuner in ihrer Theorie zur sozialen Identität aufgezeigt (zitiert nach Wagner U., 2000; Athenstaedt & Alfermann, 2011). Wie Herbert (2013) aufzeigen konnte, führt jedoch Konkurrenz zu einer verstärkten Bildung von Stereotypen und Vorurteilen. Übertragen auf die Situation von Frauen in Führungspositionen ergibt sich damit eine Stereotypisierungsfalle, die zu weiterer Ausgrenzung führen kann (vgl. Abbildung 24) (Kaup, 2014).

Neben den bereits genannten negativen Einflüssen der Stereotype auf den beruflichen Erfolg von Frauen in Allgemeinen, sehen sich im Speziellen Mütter mit einer weiteren Herausforderung konfrontiert. Der verbreiteten gesellschaftlichen Vorstellung entsprechend sollten vornehmlich Frauen für die Betreuung von Kindern zuständig sein. So werden berufstätige Mütter nach wie vor als „Rabenmütter" tituliert, da sie von der gesellschaftlichen Erwartung der Frau als Hausfrau und Mutter abweichen. In Auswahlprozessen zur Besetzung von Führungspositionen führen dabei auch Annahmen über mögliche Mutterschaften und die damit verbundenen Erwerbsunterbrechungen zu einer Benachteiligung der Frauen. Insbesondere die Vorstellung über die Unvereinbarkeit der Ausübung von Führungsaufgaben in Teilzeit spielt bei der Stellenbesetzung zu Lasten von Müttern eine Rolle (von Alemann, 2007).

Grundsätzliche Veränderungen innerhalb stereotyper Kategorisierungsprozesse erfolgen nur dann, wenn stereotyp-inkonsistente Abweichler in die mentale Repräsentation der Kategorie eingeschlossen werden. So kann die Präsenz und Akzeptanz von Frauen in Führungspositionen als Vorbilder und Gegenbeispiele zum männlich geprägten Managerbild dazu führen, dass Geschlechterstereotype abgebaut werden (Wänke, Bless, & Wortberg, 2003; Dasgupta & Asgari, 2004).

Während Führungseigenschaften nach wie vor eher den Männern zugeschrieben werden, folgen Untersuchungen der Annahme, dass Frauen erfolgreichere Führungsstile praktizieren. So wird insbesondere der transformationale Führungsstil, geprägt durch motivationsfördernde Führung und Kommunikation sowie Knowlege-Sharing, demzufolge eher den Frauen zugesprochen (Vinkenburg, van Engen, Eagly, & Johannesen-Schmidt, 2011; Sczesny & Bosak, 2007; Koch, Biemann, & Weckmüller, 2014). Hierbei ist jedoch kritisch zu beurteilen, dass durch die Zuschreibung des transformationalen Führungsstils auf weibliche Führungskräfte wieder eine Vereinheitlichung und Stereotypisierung erfolgt und damit bestimmte Erwartungen bezüglich des Führungsverhaltens an Frauen gestellt werden (Krell, 2012).

Reproduktion von Stereotypen durch mediale Einflüsse

Obwohl die öffentliche und mediale Diskussion zur Forderung nach mehr Frauen in Führungspositionen dazu beigetragen hat, dass die Unterrepräsentanz weitgehend nicht mehr als gesellschaftsfähig angesehen wird (Ochsenfeld, 2012), leisten insbesondere die Medien einen Betrag zur Entstehung und Festigung von klassischen Rollenbildern und Stereotypen (Bundeszentrale für gesundheitliche Aufklärung, 2012).

Ebenso wie die Erforschung der Frauengeschichte und -arbeit (Richter & Schraut, 2010) erfolgte die Untersuchung und Aufarbeitung der Darstellung von Frauen in den Medien Anfang der 1970er bis 1980er Jahre im Zuge der neuen Frauenbewegung. Hierzu wurden unterschiedliche Medien wie Tageszeitungen, Magazine und das Fernsehen analysiert, wobei vor allem die Frauen- und Männersprache sowie geschlechtsspezifische bildliche Darstellung im Zentrum der Untersuchungen standen (Marschik & Dorer, 2002; Röser & Wischermann, 2010). Seit Anfang der 1990er Jahre hat das Interesse bezüglich der Darstellung von Frauen in den Medien wieder nachgelassen. Als Grund hierfür wird vor allem die Verlagerung der Frage von frauendiskriminierenden Darstellungen hin zu einem grundsätzlichen sozio-kulturellen Diskurs von Männlichkeit und Weiblichkeit in den Medien angeführt (Marschik & Dorer, 2002).

Insbesondere die Werbung bedient sich hierbei Stereotype und Rollenbilder, da so die Werbebotschaft und darin enthaltenen Informationen trotz einer Fülle von Umwelteinflüssen schnell vom Rezipienten aufgenommen und verarbeitet werden können. Hierbei hat sich vor allem seit den 1980er Jahren ein Wandel bezüglich der Darstellung von Frauen vollzogen (Spicko & Resch, 2013). Prägte Anfang bis Mitte des 20. Jahrhunderts noch vornehmlich die klassische Hausfrau die Printmedien und damit das vorherrschende Rollenmodel, folgte in den 1970er und 1980er Jahren eine steigende Tendenz zur Sexualisierung der Frau. Dennoch standen auch hier die Haushaltsführung und die Versorgung von Kindern und Ehemann nach wie vor im Vordergrund (Marschik & Dorer, 2002).

Bis heute werden Frauen in den Medien die Familien- und Haushaltsaufgaben zugeschrieben; die Darstellung der Frau erfolgt nun aber vielmehr als moderne Familienmanagerin. Demgegenüber hat das Bild der fürsorgenden Mutter in den letzten 100 Jahre kontinuierlich Bestand. Frauen werden hierbei insbesondere mit Attributen wie liebend, liebevoll, zärtlich, behutsam, beschützend, besorgt und selbstlos dargestellt. Bis Mitte des 20. Jahrhunderts war in der Werbung jedoch kaum eine berufstätige Frau zu sehen und auch in den darauffolgenden Jahrzehnten wurden Frauen höchstens in typischen Frauenberufen werbewirksam porträtiert. Auch hier erfolgte ein Wandel innerhalb der medialen Darstellung von Frauen als berufstätige und erfolgreiche Karriere- und Businessfrauen erst in den 1980er Jahren. Somit wurden Frauen in der Werbung erst spät mit Attributen wie stark, intelligent und unabhängig dargestellt. Losgelöst von der historischen Entwicklung der Werbung war und ist die Darstellung der Frau in den Medien aber immer mit dem Schönheitsideal der jeweiligen Zeit verknüpft (Spicko & Resch, 2013). Tabelle 21 verdeutlicht die von der Werbung genutzten erlernten Muster und sehr konträren Bilder von Frauen und Männern (Kreienkamp, 2007).

Es wird offensichtlich, dass ein Großteil der Darstellungen, die auch aktuell noch in der Werbung zum Tragen kommen, ihren Ursprung in den 1950er Jahren findet. Damit werden nicht mehr zeitgemäße Werte und Normen größtenteils unreflektiert reproduziert (Kreienkamp, 2007). Aber nicht nur die vermittelten Stereotype innerhalb der Werbung festigen Rollenzuschreibungen, sondern auch die Art der zu bewerbenden Produkte. So werben Männer vornehmlich für statussichernde Produkte und Frauen für solche, die die Familienharmonie sichern. Hierbei wird die Frau dem Mann häufig als fachlich unterlegen dargestellt (Krupitza, 2009).

Da sich die Prägung von Stereotypen vor allem im Kindesalter vollzieht (Williams & Best, 1990, zitiert nach Athenstaedt & Alfermann, 2011; Eckes, 2010), stellen Medien insbesondere bei Kindern einen entscheidenden Einflussfaktor zur Entwicklung von Erwartungen und Meinungen über Eigenschaften und Verhalten von Personen dar. Hierbei verstärken Medien in ihren Darstellungsklischees eher traditionelle Rollenbilder und führen gleichzeitig zu einer unrealistischen Selbsteinschätzung der Rezipienten in Bezug auf die persönlichen Begabungen, Fähigkeiten und Möglichkeiten. Mädchen orientieren sich in

Tabelle 21: Konträre Darstellung von Männern und Frauen in den Medien (Eigene Darstellung in Anlehnung an Kreienkamp, 2007, S. 56)

Männer...	**Frauen...**
sind Unternehmer und tragen Verantwortung	sind Büroangestellte und führen die Arbeit aus
trinken Bier	kaufen Schokoladenprodukte für ihre Kinder
kochen Fertiggerichte	kaufen Diätprodukte und Abführmittel
fahren Premium-Automobile	machen Ausflüge im Cabriolet
grillen mit Freunden im Garten	bereiten täglich das Essen zu
sind Chefs	begleiten ihren Mann zum Abendessen beim Chef
produzieren Waren	konsumieren Waren
entscheiden über Geldanlagen	nutzen die Kreditkarte
lesen Börsenkurse	lesen die Yellow Press
haben Kinder	versorgen die Kinder
surfen im Internet	sind bei technischen Neuerungen hilflos

diesem Zusammenhang tendenziell eher an gefühlsorientierten Genres, in denen soziale Beziehungen, Interaktionen und Gemeinschaft im Vordergrund stehen. Jungen hingegen bevorzugen fiktive und actionbetonte Genres, die vor allem Siege und das Herausstellen der eigenen Stärke in den Mittelpunkt der Darstellung rücken (Bundeszentrale für gesundheitliche Aufklärung, 2012).

Neben der kontinuierlichen Reproduktion und Festigung klassischer Rollenbilder und Stereotype durch die Medien und den damit verbundenen Konsequenzen sehen sich Frauen in Führungspositionen einer weiteren Herausforderung in Bezug auf die mediale Darstellung gegenüber. Denn vor allem das berufliche Scheitern von Frauen in Spitzenpositionen ruft ein besonderes mediales Interesse hervor. So galt beispielsweise im Jahr 2011 ein besonders Medienecho der Tatsache, dass acht von insgesamt 19 weiblichen DAX-30-Vorständen ihre Tätigkeit aufgaben oder ihren Job verloren. Im Gegenzug dazu ist wenig über das Ausmaß oder der Gründe des Ausscheidens von männlichen Vorständen bekannt. Ebenso ist die mediale Berichterstattung garantiert, wenn ein neues weibliches DAX-Vorstandsmitglied benannt wurde (Bilen, 2014). Zum einen wird hierbei ersichtlich, dass Frauen nach wie vor eine Besonderheit im Management darstellen und zum anderen, dass vor allem eine ausgeprägte Negativberichterstattung zu weiteren Vorurteilen gegenüber Frauen in Spitzenpositionen führen kann.

Fazit zum Einfluss der sozio-kulturellen Faktoren

Es konnte aufgezeigt werden, dass Rollenbilder und Stereotype auf verschiedene Art und Weise die Aufstiegschancen von Frauen negativ beeinflussen. In diesem Zusammenhang spielen vor allem die mit den Stereotypen verbundenen Erwartungen und Meinungen bezüglich weiblicher Eigenschaften und Verhaltensweisen eine entscheidende Rolle, da sie von dem Idealbild von Führungskräften abweichen. Diese Inkongruenz führt dazu, dass Frauen als weniger kompetent in Bezug auf Führungspositionen eingeschätzt werden.

Dies hat wiederum insbesondere in Auswahlprozessen zu Stellenbesetzungen eine Benachteiligung von Frauen zur Folge. Zudem können Konkurrenzsituationen eine Stereotypisierung und folglich damit eine Ausgrenzung aus bestehenden Gruppen begünstigen. Eine weitere große Herausforderung besteht in der Auseinandersetzung mit dem gängigen Rollenbild der Frau als Hausfrau und Mutter. Eine mögliche Mutterschaft und die damit verbundene Erwartung an einen (zeitlich begrenzten) Berufsausfall können ebenfalls zu einer Benachteiligung in Auswahlprozessen führen. Die Schwierigkeit für Frauen liegt insbesondere darin, die Balance zwischen der Erfüllung und des Nichtentsprechens der ihnen zugedachten Rollenbilder und Stereotype zu finden.

Aufstiegshemmend wirken darüber hinaus auch die von den Medien reproduzierten klassischen Rollenbilder und Stereotype. Nach wie vor werden Frauen als fachlich weniger kompetent und vom Mann abhängig dargestellt. Damit werden bereits Kindern durch Medien Rollenmuster vermittelt, die nicht nur Einfluss auf die Erwartungen an Verhalten und Eigenschaften anderer beinhalten, sondern sich auch auf die eigene Selbsteinschätzung bezüglich der persönlichen Begabungen, Fähigkeiten und Möglichkeiten auswirken.

5.2.3 Ökonomische und betriebliche Faktoren

Als dritter und letzter zentraler Einfluss wirken die ökonomischen und betrieblichen Faktoren auf die Unterrepräsentanz von Frauen in Führungspositionen. Vor allem Diskriminierungstheorien suchen in den Unternehmen die Ursachen für den Mangel an Frauen in höheren Managementpositionen (Ochsenfeld, 2012). Im Folgenden sollen verschiedene Aspekte wie die Rahmenbedingungen, Unternehmensstrukturen, Leistungsbeurteilung, Personalgewinnung und -auswahl sowie die Förderung von Frauen untersucht werden.

Rahmenbedingung – Unternehmenskultur

Vor allem die Unternehmenskultur stellt den handlungsprägenden Rahmen von Organisationen dar. Sie ist geprägt durch die gemeinsamen Werte, Einstellungen sowie Normen der Organisationsmitglieder und beeinflusst damit die Entscheidungen, Handlungen und das Verhalten der Mitarbeiter (Gabler Wirtschaftslexikon, o.J. b). Daher übt die Unternehmenskultur einen bedeutenden Einfluss auf die Aufstiegschancen von Frauen aus (Kleinert, Kohaut, Brader, & Lewerenz, 2007).

Hierzu untersuchten Kaiser, Hochfeld, Gertje und Schraudner (2012) die Wirkung der Unternehmenskultur auf Karrierebrüche von Frauen. Sie konnten verschiedene unternehmenskulturelle Gründe und Faktoren für die Unterrepräsentanz von Frauen in Führungspositionen identifizieren. Insgesamt wirken sich vor allem Rollenbilder, Stereotype und Vorurteile auf verschiedene Weise negativ auf die Unternehmenskultur und damit auf die Karrieremöglichkeiten von Frauen aus. Hierbei wirken gleichzeitig auch vorhandene männlich-homogene Organisationsstrukturen auf die betrieblichen Normen und Werte (Kleinert, Kohaut, Brader, & Lewerenz, 2007; Armutat & Steinhäuser, 2013). Daneben stellt eine mangelnde Berücksichtigung der individuellen Lebensphasen und –pläne der Mitarbeiter einen weiteren frauenhemmenden unternehmenskulturellen Faktor in Unternehmen dar. Basierend auf diesen unternehmenskulturrelevanten Einflussfaktoren können vier unterschiedliche Kulturmuster identifiziert werden (Kaiser, Hochfeld, Gertje, & Schraudner, 2012).

Tabelle 22: Kulturmuster und deren Charakteristika (Eigene Darstellung in Anlehnung an Kaiser, Hochfeld, Gertje und Schraudner, 2012, S. 43ff.)

Offene Hochleistungskultur	Dynamik Flexibilität Wertschätzung heterogener und neuer Perspektiven Hohe Anforderungen an das Zeitmanagement der Führungskräfte
Konformistische Formalkultur	Formelle und informelle Unternehmensregeln Ausgeprägte Hierarchien und ein hohes Maß an Bürokratie Unternehmenskultur und das Führungsbild insgesamt sehr homogen
Konservative Ausschlusskultur	Traditionalismus, Konservatismus und historisch geprägte Unternehmenswerte Klassische Rollenbilder Geschlossene, nicht durchlässige Unternehmenskultur Nicht zugänglichen Männerbünde und -netzwerke
Veränderungsorientierte Bewahrungskultur	Spannungsverhältnis zwischen Innovations- und Veränderungsorientierung sowie konservativ-hierarischen Strukturen und Werten

Unternehmen mit einer offenen Hochleistungskultur benachteiligen Frauen nicht direkt aufgrund ihres Geschlechts, jedoch führt die Forderung nach hohen Arbeitszeiten und zusätzlichen Überstunden zu einer geringen Akzeptanz für Teilzeitarbeit und berufliche Auszeiten, beispielsweise um familiären Fürsorgeaufgaben nachzugehen. Die mangelnde Berücksichtigung der individuellen Lebensphasen und -pläne der Mitarbeiter zeigt sich vor allem in Unternehmen mit einer ausgeprägten konformistischen Formalkultur. Hier haben Karriereschritte in der „richtigen" Reihenfolge zu erfolgen. Die einmalig lebensphasenbedingte Ablehnung einer Beförderung sowie familienbedingte Auszeiten führen meist zu einer fehlenden zukünftigen Berücksichtigung bei der Besetzung von Führungspositionen, da den Frauen ein grundsätzlicher Karrierewille abgesprochen wird. Zusätzlich wird in diesem Kulturmuster der weibliche Karriereaufstieg dadurch erschwert, dass Frauen in der – meist männlich definierten – Umgebung als andersartig, ungewöhnlich und unpassend wahrgenommen werden. Die konservative Ausschlusskultur ist geprägt von Traditionalismus sowie Konservatismus und führt damit zu einer direkten Ablehnung von Frauen. Die klassischen Rollenbilder der zum Großteil männlichen Entscheider führen zu einer geschlossenen und nicht durchlässigen Unternehmenskultur mit unzugänglichen Männerzirkeln und –netzwerken. Die veränderungsorientierte Bewahrungskultur basiert auf der Ambivalenz bewahrender und verändernder Kräfte innerhalb eines Unternehmens. Die von den obersten Managementebenen initiierten Frauenförderprogramme werden hierbei vor allem durch das mittlere Management ausgebremst und behindert (Kaiser, Hochfeld, Gertje, & Schraudner, 2012).

Die Untersuchung von Kaiser, Hochfeld, Gertje und Schraudner (2012) konnte neben der Identifizierung verschiedener Kulturmuster ebenfalls zeigen, dass hierbei vor allem Rollenbilder, Stereotype und Vorurteile gegenüber Frauen zum Tragen kommen. So führen diese dazu, dass Frauen grundsätzlich der Führungswille sowie die -kompetenz abgesprochen werden und damit ein weibliches Defizit konstatiert wird. Diese Annahme, verbunden mit einer wahrgenommenen Andersartigkeit der Frau, führen zu einer Benachteiligungen in verschiedenen Bereichen, wie beispielsweise bei Beförderungen und Einstellungsprozessen.

Insgesamt stellt die Gleichstellung von Frauen und Männern in Unternehmen einen Veränderungsprozess dar, der komplexe Instrumente der Personal- und Organisationsentwicklung notwendig macht. Hierbei stellt vor allem die Förderung von mehr Frauen in Führungspositionen vielschichtige organisationskulturelle und individuelle sowie insbesondere emotionale Lernprozesse dar. Solche betrieblichen Entwicklungsprozesse sind daher auch immer mit Widerständen verbunden, da Organisa-tionsmitglieder zum Teil Veränderungen grundsätzlich ablehnen oder Angst vor der eigenen Benachteiligung haben. Die Gewinnung der Mitwirkung aller Beteiligten wird dadurch erschwert, dass offene Diskriminierungen gegenüber Frauen politisch nicht korrekt sind und damit vermieden werden. Die Ablehnung gegenüber frauenförderlichen Maßnahmen vollzieht sich daher tendenziell eher verdeckt (Jüngling & Rastetter, 2011; Abele, 2013).

Hinzu kommt, dass speziell auf Frauen ausgerichtete Einzelmaßnahmen zur Erhöhung ihres Anteils in Führungspositionen den Defizitansatz im Unternehmen weiter fördern können, da durch die ausschließliche Maßnahmenadressierung an die Frauen signalisiert wird, dass diese ohne betriebliche Unterstützung nicht für Führungspositionen geeignet sind. Darüber hinaus ist durch Einzelmaßnahmen keine Veränderung der Unternehmenskultur zu erwarten (Kleinert, Kohaut, Brader, & Lewerenz, 2007; Armutat & Steinhäuser, 2013).

Die Unternehmenskultur stellt die Rahmenbedingung für den betrieblich-organisationalen Einfluss auf die Unterrepräsentanz von Frauen in Führungspositionen dar. Hierbei führen die unterschiedlichen Kulturmuster zu einer mehrfach gesicherten Schließfunktion mit sehr selektiver Durchlässigkeit für Frauen in die oberen Managementebenen (Holst & Wiemer, 2010b). Daneben wirken aber auch hier vor allem Rollenbilder und Stereotype, die die Normen und Werte einer Organisation beeinflussen.

Eine weitere Rahmenbedingung für die mangelnde unternehmerische Förderung von Frauen in Führungspositionen sowie deren gänzliche Ablehnung liegt in dem fehlenden Bewusstsein für die ökonomische Vorteilhaftigkeit von gemischt geführten Teams (Kleinert, Kohaut, Brader, & Lewerenz, 2007; Armutat & Steinhäuser, 2013). Die Wirtschaftsprüfungsgesellschaft Ernst & Young (2012) konnte aufzeigen, dass Unternehmen mit weiblicher Beteiligung im Vorstand eine deutlich bessere Entwicklung im Zeitraum von 2005 bis 2010 hinsichtlich Umsatz, Gewinn und Börsenwert genommen hatten. Diese Ergebnisse werden durch weitere Untersuchungen gestützt (Credit Suisse Research Institute, 2012; McKinsey & Company, 2007). Zudem steigert die Förderung der Gleichstellung von Frauen und Männern das Image eines Unternehmens (Ochsenfeld, 2012) und kann damit gleichzeitig durch Positionierung als Wunsch-Arbeitgeber die Personalgewinnung erleichtern und die Mitarbeiterfluktuation senken (Roland Berger Strategy Consultants, 2012). Boemer, Keding und Hüttermann (2012) kritisieren an den vorgenannten Studien aber vor allem die unzureichende theoretische Fundierung, da die Analysen von Unternehmensberatungen durchgeführt wurden. Dennoch bleiben mit der mangelnden Berücksichtigung der Förderung von Frauen Potenziale und Ressourcen ungenutzt (Stangel-Meseke, Hahn, & Steuer, 2013; Bauernschuster & Fichtl, 2013).

Unternehmensstruktur – Männerbünde und Netzwerke

Wie die Analysen der historischen Entwicklung und der aktuellen Situation von Frauen in Führung bereits gezeigt haben, sind es vor allem die Männer, die früher wie heute die obersten Managementebenen zahlenmäßig dominieren. Diese

Tatsache ist aber nicht nur als ein Entwicklungsprozess und Ergebnis zu sehen, sondern stellt damit gleichzeitig einen weiteren Einfluss auf die Unterrepräsentanz von Frauen dar.

Die Majorität des männlichen Geschlechts innerhalb der Organisationsstrukturen im Bezug auf die sozialen und numerischen Verhältnisse wird daher als weitere Ursache für die mangelnde Präsenz von Frauen in Führungspositionen gesehen (Ochsenfeld, 2012; Jüngling & Rastetter, 2009; Doppler D. , 2007; Krell, 2011a). Wie bereits Kapitel 5.2.2 über die sozio-kulturellen Einflussfaktoren aufgezeigt hat, führen vorherrschende Rollenbilder und Stereotype über Frauen zu deren Ausschluss aus bestehenden Gruppen (Athenstaedt & Alfermann, 2011). Dieser Ausschluss aus den sogenannten „Old Boys Network" in den höheren Managementetagen dient dabei vor allem den Männern als Sicherung der Machtverhältnisse. Den Frauen werden durch die großteils tradierten Männerbünde wichtige Informationen sowie Kenntnisse vorenthalten und sie bekommen daher weniger Zugang zu einflussreichen Personen und Koalitionen (Rastetter, 2002; Doppler, 2007; Sauer, Kauffeld, & Spurk, 2014). Auch hierbei geht es weniger um eine offen gezeigte Diskriminierung gegenüber den weiblichen Kolleginnen, als vielmehr um die Präsentation der männlichen Stärke zur Vergewisserung der Zugehörigkeit einer geschlossenen Gruppe (BMFSFJ, 2010).

Der Ausschluss aus Gruppen und Netzwerken bedeutet für Frauen aber gleichzeitig auch einen Verzicht auf wichtige Aufstiegsfaktoren wie wechselseitiges Informieren, gegenseitige Hilfe sowie Stärkung und Unterstützung. Dieses Geflecht aus sozialen Beziehungen hat damit einen wichtigen Einfluss auf den beruflichen Aufstieg (Bischoff, 2010; Seeg, 2000).

Hierbei gilt aber auch zu berücksichtigen, aus welcher Generation heutige Führungskräfte stammen, um damit Rückschlüsse darauf ziehen zu können, mit welchen politischen und sozio-kulturellen Einflüssen sie aufgewachsen sind. Rieck, Bendig, Hünnemeyer und Nitzsche (2012) untersuchten im Zuge allgemeiner Diversitätsstudien das Alter der Aufsichtsratsmitglieder der DAX-30-Unternehmen im Jahr 2011. Hierbei konnte von 375 Inhabern von Aufsichtsratspositionen das Alter ermittelt werden, wobei das Durchschnittsalter bei 57,6 Jahren lag. Leichte Unterschiede waren zwischen der Arbeitnehmer- und Arbeitgeberseite zu verzeichnen: so waren Arbeitgebervertreter im Durchschnitt 61,0 und Arbeitnehmervertreter 53,7 Jahre alt. Das Durchschnittsalter der Vorstände in den DAX-30-Unternehmen liegt seit Jahren relativ konstant bei 53,2 Jahren (Schmid & Dauth, 2012; ODGERS BERNDTSON, 2014), wobei sich die Altersunterschiede über alle Unternehmen in einer relativ engen Spanne halten. Ein Großteil der Vorstandsmitglieder ist demnach zwischen Ende 40 und Ende 50 Jahre alt (Weinert, 2012). Etwas jünger sind hingegen Führungskräfte im mittleren Management. Nach Bischoffs Studie (2010) sind männliche Manager durchschnittlich 46,2 und weibliche Führungskräfte 44,6 Jahre alt. Insgesamt ergibt sich damit ein sehr homogenes Bild bezüglich der Altersklassifikation. Ein Großteil der Entscheider, insbesondere im Top-Management der größten deutschen Unternehmen, ist in den 1950er Jahren geboren und in den 1960er und 1970er Jahren aufgewachsen. Ihre Generation ist somit durch politisch geförderte und sozio-kulturell gewachsene traditionelle Rollenbilder und Stereotype dieser Jahre geprägt.

Die gewachsenen Strukturen vieler Unternehmen fördern damit durch Ausschluss der weiblichen Mitarbeiterinnen aus wichtigen Gruppen und Netzwerken die Unterrepräsentanz von Frauen in Führungspositionen.

Leistungsbeurteilung, Personalgewinnung und -auswahl

Die Analyse der sozio-kulturellen Einflussfaktoren hat bereits aufzeigen können, dass Leistungsbeurteilung, Personalauswahl und Förderung durch Rollenbilder und Stereotype beeinflusst werden. Ebenso zeigen die guten Ausbildungen und Qualifikationen von Frauen, dass eine reine Leistungsorientierung – genannt Meritokratie – in vielen Unternehmen nicht als Maß für die Beurteilung von Mitarbeitern und deren Beförderung dient. Insbesondere die Annahme, dass zwischen Frauen und Männern keine Unterschiede gemacht werden und ausnahmslos nach Leistung beurteilt wird, spiegelt nicht die betriebliche Wirklichkeit wider (Rastetter, 2002; Rizzi & Willmeroth, 2013). Im Folgenden sollen diese Prozesse noch einmal tiefergehend aus der betrieblichen Perspektive untersucht werden.

Gerade der Gewinnung und der Auswahl von Mitarbeitern wird eine entscheidende gleichstellungspolitische Bedeutung beigemessen, da sie die Grundvoraussetzung für den Zugang von Frauen in Unternehmen und höhere Positionen sind. Hierbei können Frauen durch eine mangelnde Systematik in der Personalauswahl, Geschlechterstereotypisierung und Diskriminierungen durch rechtlich unzulässige Fragen benachteiligt werden (Stangel-Meseke & Staudt, 2008; Kay, 2011).

Ausgangspunkt des Personalgewinnungsprozesses stellt die Anforderungsanalyse dar, welche die Arbeits- und Merkmalsanalyse beinhaltet. Hierbei wird insbesondere in der Merkmalsanalyse zumeist mit Arbeitsplatzschemata gearbeitet, die sich von den bisherigen Stelleninhabern ableiten. Diese größtenteils subjektiven Arbeitsplatzbeschreibungen können so mit Erwartungen an ein bestimmtes Geschlecht einhergehen (Kay, 2011). Dies zeigt auch die Untersuchung von Gmür (2004), die aufzeigt, dass diejenigen Eigenschaften, die von einer guten Führungskraft erwartet werden, eher den Männern zugeschrieben werden. Vor allem, wenn die Arbeits- und Merkmalsanalyse nicht einem standardisierten Prozess folgt, erhöht sich die Gefahr, dass die Erstellung eines Anforderungsprofils allein auf subjektiven und beliebigen Kriterien beruht (Kay, 2011).

Ebenso kann die Wahl des Personalbeschaffungsweges und der –mittel einen Einfluss auf die Zugangschancen von Frauen haben. Je nach Wahl der Wege und Mittel (interne, erweiterte interne / netzwerkabhängige oder externe Personalgewinnung) werden Frauen mehr oder weniger angesprochen. Insbesondere die erweiterte Personalbeschaffung kann durch den verminderten Zugang zu wichtigen Netzwerken Frauen benachteiligen (Kay, 2011).

Wie bereits die Analyse der Wirkung von Stereotypen aufgezeigt hat, wirken diese insbesondere in nicht standardisierten Entscheidungsprozessen. Vor allem freie oder auch teilstandardisierte Auswahlinterviews lassen Raum für die subjektive, stereotyp-geleitete Eignungsbeurteilung von Bewerbern. Hierbei beeinflussen Stereotype sowohl die Interpretation beobachteter Verhaltensweisen als auch die Einschätzung von Potenzialen und nicht beobachtbarem Verhalten (Gmür, 2004; Eagly & Karau, 2002; Kay, 2011). Darüber hinaus konnte von Rennenkampff (2005) zeigen, dass zudem das Geschlecht die Auswahl der Interviewfragen beeinflussen kann. Für Bewerber mit einem maskulinen Aussehen wurden vermehrt positive Interviewfragen, die eine höhere Führungskompetenz unterstellten, gestellt; bei femininen Erscheinungen hingegen wurden tendenziell eher negative Fragen formuliert.

Insgesamt zeigen sich in der Leistungsbeurteilung verschiedene Beurteilungsfehler und -verzerrungen. So werden nach dem „Similar-to-me-Effekt“ Personen deutlich besser beurteilt, die als ähnlich wahrgenommen werden (Krell, 2011b). Hieraus ergibt sich dann in Auswahlprozessen eine Bevorzugung von Bewerbern, die dem Auswähler ähneln. Neben der homosozialen Reproduktion (Doppler, 2007; Herpers, 2013) können sogenannte „Hierarchie-Effekte“ dazu beitragen, dass Frauen schlechter in ihren Leistungen beurteilt werden als Männer. Demnach werden Personen in höheren hierarchischen Positionen – welche häufiger mit männlichen Führungskräften besetzt sind - generell deutlich besser bewertet. Darüber hinaus führt der „Kleber-Effekt“ dazu, dass Personen, die länger nicht befördert wurden, ebenfalls grundsätzlich schlechter beurteilt werden. Wenn Frauen somit (ungerechtfertigt) nicht befördert wurden, sinken ihre Chancen damit im Folgenden weiter (Krell, 2011b).

Förderung

Einen bedeutenden Erfolgsfaktor für die berufliche Karriereentwicklung und das Erreichen von Führungspositionen stellt die Karriereförderung durch Vorgesetze dar (Bischoff, 2010). Daneben können aber auch hierarchiegleiche sowie Personen außerhalb des Unternehmens, wie Familie und Freunde, erfolgsfördernd sein (Higgins & Kram, 2001; Blickle & Boujataoui, 2005). Als besonders wirkungsvoll zeigten sich aber insbesondere strukturierte, formelle Mentoring-Programme (Rizzi & Willmeroth, 2013), bei denen eine bewusste Partnerschaft zwischen einem Mentee und einem Mentor eingegangen wird. Der Mentee partizipiert vor allem von der psychosozialen und karriereförderlichen Unterstützung des Mentors. Durch ihn werden vor allem Wissen und Erfahrungen ausgetauscht und der Mentor kann zusätzlich Zugang zu wichtigen Netzwerken innerhalb oder auch außerhalb des Unternehmens gewähren. Das Mentoring dient zudem insbesondere dem Sichtbarmachen, Erkennen und Nutzen der Potenziale der geförderten Person (Higgins & Kram, 2001; Doblhofer & Küng, 2008).

In der von Blickle und Boujataoui durchgeführten Studie (2005) zur Untersuchung von Mentoring-Programmen stellte sich heraus, dass in der Quantität der Förderprogramme keine Unterschiede zwischen weiblichen und männlichen Nachwuchskräften bestanden. Es zeigte sich jedoch, dass Männer häufiger hierarchiehöhere Mentoren als Frauen zugeordnet bekommen hatten. Weibliche Mentees hingegen hatten häufiger gleichrangige Kollegen als Förderpersonen. Bedeutend für die erfolgsförderliche Wirkung einer Mentor-Mentee-Partnerschaft ist jedoch die Einfluss- und Machtposition des Mentors im Unternehmen. Bei der Zuordnung eines Mentors werden weibliche Mentees damit regelmäßig benachteiligt. In einer umfangreichen Untersuchung zu betrieblichen Fördermaßnahmen von Frauen in Führungspositionen stellten Fehre, Lindstädt und Picard (2014) zudem fest, dass lediglich 20 Prozent der befragten Unternehmen (86 börsennotierte und 16 nicht börsennotierte Klein- und Mittelständische Unternehmen) Mentoring-Programme anbieten. Insgesamt zeigt sich ein sehr heterogenes Bild und damit keine Präferenz für bestimmte Fördermaßnahmen, so dass sich bisher noch kein Maßnahmen-Standard zur betrieblichen Frauenförderung etabliert hat.

Vereinbarkeit von Familie und Beruf

Die vorgestellten familienpolitischen Maßnahmen (vgl. Kapitel 5.2.1) sollen gemäß des BMFSFJ vor allem die Vereinbarkeit von Familie und Beruf fördern. Aktuell scheint aber eben jene (Un-)Vereinbarkeit ein Aufstiegshemmnis für Frauen in Unternehmen zu sein. Im Folgenden soll daher auch aus der betrieblichen Perspektive die Vereinbarkeit erneut auf den Prüfstand gestellt werden.

Die von Fehre, Lindstädt und Picard (2014) untersuchten betrieblichen Maßnahmen inkludierten ebenso die Analyse der betrieblichen Förderung der Vereinbarkeit von Familie und Beruf. Insgesamt 97 Prozent der Unternehmen gaben an, dass sie alltägliche Arbeitszeitmodelle zur Unterstützung der Vereinbarkeit implementiert hatten. Daneben besaßen jedoch lediglich 59 Prozent der Organisationen Lebensarbeitszeitmodelle. Wie bereits in den unternehmerischen Rahmenbedingungen aufgezeigt wurde, führt jedoch eine mangelnde Lebensphasenorientierung innerhalb der Unternehmen zu einer Benachteiligung der Frauen. So können aus einer lebensphasenbedingten Ablehnung einer Beförderung sowie familienbedingten Auszeiten die nicht weitere Berücksichtigung bei der Beset-

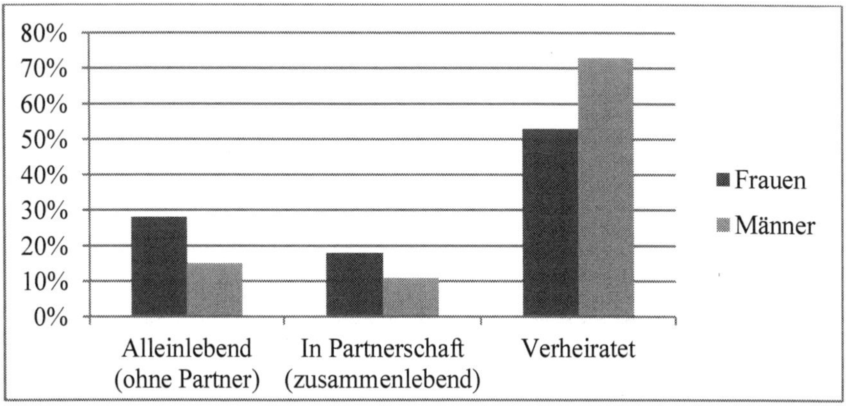

Abbildung 25: Familienstand von Frauen und Männern in Führungspositionen (BMFSFJ, 2010, S. 29)

zung von Führungspositionen resultieren (Kaiser, Hochfeld, Gertje, & Schraudner, 2012). Darüber hinaus gaben 52 Prozent der Unternehmen an, dass sie – insbesondere finanzielle - Unterstützung bei der Kinderbetreuung leisten. Die Studie konnte jedoch keinen Aufschluss über die Wirksamkeit der eingeführten Maßnahmen geben und erhob auch nicht den Implementierungszeitpunkt sowie Laufzeit der Maßnahmen (Fehre, Lindstädt, & Picard, 2014).

Ein deutlich negativeres Bild zeichnet sich gemäß des IAB-Betriebspanels aus dem Jahre 2008 ab. Demnach hat lediglich eine Minderheit von rund 13 Prozent aller Betriebe Maßnahmen zur Chancengleichheit und besseren Vereinbarkeit von Familie und Beruf ergriffen (Kohaut & Möller, 2009; 2010). Dies hat sich auch in den vergangenen Jahren nicht deutlich gebessert. Trotz neuer und teilweise innovativer Regelungen stagnieren die betrieblichen Bemühungen zur Verbesserung der Familienfreundlichkeit. So ist lediglich eine Minderheit an Unternehmen zu verzeichnen, die verbindliche Regelungen zur Förderung der Vereinbarkeit in Tarifverträgen oder Betriebsvereinbarungen fest verankert hat (Klenner, Brehmer, Plegge, & Bohulskyy, 2013).

Frauen scheinen hinsichtlich ihres Lebensschwerpunktes vor die Wahl gestellt zu werden – ganz im Gegensatz zu Männern in Führungspositionen. Diese leben nach wie vor ein normatives Normalitätsmodell mit „Familie-im Hintergrund-haben“. Frauen in Führungspositionen sind hingegen im Vergleich zu Männern seltener verheiratet oder leben in festen Partnerschaften. Die Vielfalt und Variabilität der Lebensmuster ist bei Frauen deutlich größer (BMFSFJ, 2010).

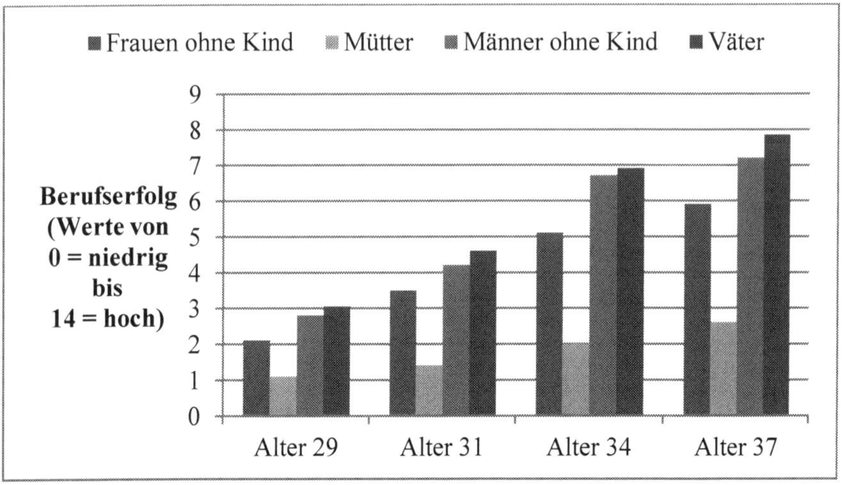

Abbildung 26: Berufserfolg von Frauen und Männern mit und ohne Kinder über die Zeit (Abele, 2013, S. 52)

Ebenso verdeutlicht die Betrachtung möglicher Elternschaften die unterschiedlichen Lebensmuster von Frauen und Männern. Hierbei offenbart sich ein erfolgshindernder Einfluss durch die Mutterschaft (vgl. Abbildung 26). Die Gegenüberstellung des beruflichen Erfolges – gemessen an Gehalt, Einkommen und Personalverantwortung - von Frauen ohne Kind, Müttern, Männern ohne Kind und Vätern zeigt die beruflichen Auswirkungen. Deutlich wird, dass vor allem die Männer an einer Elternschaft erfolgsfördernd partizipieren (Abele & Spurk, 2011; Abele, 2013).

Insgesamt stellt damit die Vereinbarkeit von Familie und beruflichem Aufstieg eine Herausforderung für Frauen dar. Denn insbesondere die Berufsunterbrechung und die nicht uneingeschränkte zeitliche Verfügbarkeit von Müttern spielen bei der Besetzung von Führungspositionen eine Rolle (Ochsenfeld, 2012; Holst & Wiemer, 2010b). Hierbei führen vor allem die unzeitgemäße Zuschreibung der Erziehungs- und Familienaufgaben und die damit verbundene (zeitweise) Erwerbsunterbrechung zu einer Benachteiligung von Frauen bei der beruflichen Entwicklung. Diese Aufgabenverteilung bei gleichzeitiger Erwerbsunterbrechung und Arbeitszeitsenkung führt zudem zu einer ökonomischen Abhängigkeit und folgt nicht dem angestrebten Maß an Selbstbestimmung der Frauen (Seeg, 2000). Denn es ist unstrittig, dass Frauen häufiger als Männer die berufliche Arbeitszeit (beispielsweise nach Geburt eines Kindes) reduzieren (vgl. hierzu auch Kapitel 5.2.1., Abbildung 19), jedoch – trotz (Teilzeit-) Arbeit –

Tabelle 23: Berufstätigkeit der Partner und Partnerinnen (Bischoff, 2010, S. 42)

	Männer	**Frauen**
Arbeiter/in, einfache/r Angestellte/r oder Beamtin/Beamter	40 %	23 %
Leitende/r Angestellte/r oder Beamtin/Beamter	15 %	42 %
Freiberufler/in	8 %	9 %
Selbstständige/r Handwerker/in	0 %	6 %
Unternehmer/in	4 %	13 %
Hausfrau/-mann		
Teilzeitbeschäftigt	13 %	3 %
Vollzeitbeschäftigt	2 %	0 %
Ausschließlich	12 %	3 %

nach wie vor in einem höheren Maße die Zuständigkeit für Familien- und Haushaltsaufgaben behalten. Damit sehen sich Frauen mit einer Doppelbelastung konfrontiert, die Männern in diesem Umfang nicht begegnet (Metz-Göckel, 2011; Blättel-Mink & Kramer, 2000; Abele & Spurk, 2011).

Dies bestätigt auch die von Bischoff (2010) durchgeführte Studie: Frauen in Führungspositionen haben häufiger Partner, die ebenfalls Führungskräfte sind oder einer ähnlich anspruchsvollen Tätigkeit nachgehen. Demgegenüber leben männliche Führungskräfte vielfach in einer Partnerschaft, in der die Partnerin zur häuslichen Entlastung beiträgt (vgl. Tabelle 23).

Insgesamt zeigt sich die Vereinbarkeit von Familie und Beruf als strukturelle Barriere für Frauen und deren beruflichen Aufstieg in Unternehmen. Neben dem vorherrschenden Rollenbild der Frau führt jedoch auch eine mangelnde Unterstützung der Unternehmen zu einer schlechteren Vereinbarkeit von Familie und Beruf und damit zu einer Benachteiligung von Frauen.

Fazit zum Einfluss der ökonomischen und betrieblichen Faktoren

Die Analyse der ökonomischen und betrieblichen Faktoren zeigt das Benachteiligungspotenzial gegenüber Frauen in den Unternehmen auf. Hierbei sind eine Reihe von Teilaspekten wie Rahmenbedingungen, Unternehmensstrukturen, Leistungsbeurteilung, Förderung von Frauen sowie die Vereinbarkeit von Familie und Beruf zu berücksichtigen, die den Aufstieg von Frauen in höhere Managementpositionen beeinflussen und behindern. Hierbei zeigt sich abermals der Einfluss von Stereotypen, die insbesondere auf Rahmenbedingungen wie die Unternehmenskultur wirken. Aber auch in männlich-dominierten Führungsebenen und bei der Leistungsbeurteilung und Personalgewinnung kommen diese mit negativen Auswirkungen zum Tragen.

5.3 Zusammenfassende Erkenntnisse der Einflussfaktoren unter Berücksichtigung der historischen Entwicklung

Aus der Analyse der politischen, sozio-kulturellen sowie ökonomischen und betrieblichen Einflussfaktoren wird ersichtlich, dass und wie verschiedene Einflüsse auf die Repräsentanz von Frauen in Führungspositionen wirken. Hierbei bedingen und beeinflussen sich die genannten Faktoren wechselseitig, so dass die Unterrepräsentanz von Frauen in führenden Managementpositionen nicht in einer isolierten Ursache begründet liegt. Vielmehr handelt es sich um ein komplexes Ursachen-System, welches mit dem entwickelten Ursachen-Modell Rechnung getragen wird. Insgesamt zeigt sich, dass trotz der Erkenntnis über das Leistungspotenzial von Frauen und den damit zurzeit ungenutzten Ressourcen nach wie vor deutliche Karrierehemmnisse für Frauen bestehen (Stangel-Meseke, Hahn, & Steuer, 2013; Bauernschuster & Fichtl, 2013).

Aus Sicht der Autorin wirken hierbei als einer der zentralen Einflüsse die politischen Faktoren. Die inkohärenten Maßnahmen von Gleichstellungs-, Familien- und Arbeitspolitik verhinderten über Jahrzehnte die gleichberechtigte Teilhabe von Männern und Frauen am Erwerbsleben und fördern noch heute die Erwerbsunterbrechungen von weiblichen Arbeitskräften. Insbesondere die Gleichstellungspolitik forderte von den Frauen eine rechtliche Unterordnung den Männern gegenüber, die sich sowohl familiär als auch beruflich auswirkte. Veränderungen in den gesetzlichen Grundlagen zur Gleichstellung von Frauen und Männern veränderten sich dabei häufig nur auf Druck von außen, beispielsweise durch EU-Richtlinien oder starke Frauenbewegungen, so dass es Jahrzehnte benötigte, bis die Erwerbsquote von Frauen sich derjenigen der Männer angenähert hatte. Mit Stärkung der gleichberechtigten Rechte der Frauen wurde aber, gleichzeitig durch die Familien- und Arbeitspolitik, das Rollenbild der Frau als Mutter und Hausfrau neuerlich geprägt. Vor allem durch deutliche monetäre Anreize werden Mütter dazu motiviert, nach der Geburt eines Kindes die Erwerbsarbeit länger zu unterbrechen. Durch eine Ausweitung der Teilzeitarbeit und der verlängerten Erwerbsunterbrechung haben es Frauen dadurch beim beruflichen Aufstieg deutlich schwerer als Männer.

Demgegenüber stehen lediglich geringe Fördermaßnahmen, welche sich in der Vergangenheit insbesondere auf die Selbstverpflichtung der Wirtschaft und Kampagnen zur Förderung einzelner Frauengruppen (vgl. Kapitel 5.2.1) beschränkt haben und dabei insgesamt keine signifikante Wirkung gezeigt haben.

Tabelle 24: Parteipolitische hinderliche und förderliche Maßnahmen zur Erhöhung des Frauenanteils in Führungspositionen (Eigene Darstellung)

Jahr	Initiatoren	Hinderliche Maßnahmen
1950er Jahre	CDU/CSU	Politische Förderung des klassischen Rollenbildes
1950-1960er Jahre	CDU/CSU	Nachtarbeitsverbot, Legitimation von Ungleichbehandlungen zwischen Männern und Frauen
1992	CDU/CSU	Erhöhung der Elternzeit von zehn Monaten auf drei Jahre
Anfang 2000	SPD	Einführung Teilzeit- und Befristungsgesetz
		Förderliche Maßnahmen
1949	SPD	Gleichberechtigungsgrundsatz, eingeführt unter CDU/ CSU, treibende Kraft u.a. Elisabeth Selbert (SPD)
1970er Jahre	SPD	Forderungen einer weitergehenden Gleichstellung (Vorstöße der SPD werden jedoch weitestgehend abgelehnt)
1977	SPD	Eherechtsreform
1970-1980er Jahre	SPD	Stärkung der Rechte von Frauen: Mutterschutzgesetz sowie Arbeitsplatzgarantie
1980	EU-Recht	EG-Anpassungsgesetz (Diskriminierungsverbot)
1993	CDU/CSU	Neuformulierung Gleichberechtigungsgrundsatz
Anfang 2000	SPD	Forderung nach besserer Vereinbarkeit von Familie und Beruf sowie einem besseren Kinderbetreuungsangebot
	SPD	Selbstverpflichtung der Privatwirtschaft
2006	EU-Recht	Inkrafttreten des Allgemeines Gleichbehandlungsgesetzes
2013	CDU/CSU SPD	Aufnahme im Koalitionsvertrag: Einführung einer verbindlichen Frauenquote in Aufsichtsräten

Zudem wurde lange Zeit eine aktive Förderung von Frauen in Führungspositionen, beispielsweise in Form einer verbindlichen Frauenquote, vermieden. Aus der Analyse der politischen Faktoren lassen sich zudem parteipolitische Einflüsse hinsichtlich der hinderlichen und förderlichen Maßnahmen ableiten. Tabelle 24 gibt einen Überblick über Maßnahmen nach Parteien.

Hierbei wird ersichtlich, dass frauenförderliche Maßnahmen deutlich häufiger durch die SPD oder einzelne SPD-Politiker initiiert wurden. Vor allem CDU/ CSU förderte in der Vergangenheit durch klare politische Positionierung und

Maßnahmen, wie beispielsweise die verlängerte Elternzeit, das klassische Rollenbild der Frau als Familienfürsorgerin. Die damit verbundene geringere Erwerbsbeteiligung von Frauen wurde damit jahrzehntelang nicht nur in Kauf genommen, sondern gar forciert.

Lange Zeit wurde somit durch Gleichstellungs-, Familien- und Arbeitspolitik ein gesellschaftlich akzeptiertes, klassisches Rollenbild der Frau manifestiert. Damit spiegelt die Politik zum einen das gesellschaftliche Bild der Frau zur jeweiligen Zeit wider, welches durch Regierungsmitglieder und deren teils persönliche Werte-vorstellungen, wie beispielsweise durch Franz-Josef Wuermeling als erster Bundesminister für Familienfragen (vgl. Kapitel 5.2.1 zur Familienpolitik), vertreten wird. Zum anderen reproduziert, prägt und festigt die Politik aber zugleich auch das Rollenbild damals wie heute.

Wie die Analyse der sozio-kulturellen Einflussfaktoren zeigen konnte, führt die Inkongruenz zwischen dem politisch und gesellschaftlich reproduzierten und gefestigten Rollenbild und dem allgemeinen Stereotyp von Führungskräften zu einer Benachteiligung von Frauen in der Arbeitswelt. Hierbei wirken sich die Erwartungen an und Meinungen über Frauen bezüglich weiblicher Eigenschaften und Verhaltensweisen auf verschiedene Art und Weise negativ auf ihre Aufstiegschancen aus. Frauen werden dadurch die Führungskompetenz und der –wille abgesprochen, was sich insbesondere in der Leistungsbeurteilung und in Auswahlprozessen zu ihren Ungunsten auswirkt. Zusätzlich führt hier das gängige Rollenbild der Frau als Hausfrau und Mutter zu der Erwartung an einen (zeitlich begrenzten) Berufsausfall, der ebenfalls nicht in das Idealbild einer Führungskraft passt. Die Schwierigkeit für Frauen liegt hierbei insbesondere darin, die Balance zwischen der Erfüllung und dem Nichtentsprechen der ihnen zugedachten Rollenbilder und Stereotype finden.

Darüber hinaus üben Stereotype einen Einfluss auf die betrieblichen Rahmenbedingungen und Unternehmensstrukturen aus. In diesem Zusammenhang ist zu berücksichtigen, dass Frauen jahrzehntelang der Zugang zu einer gleichberechtigten Teilhabe am Erwerbsleben erschwert wurde und die Unternehmenswerte geprägt sind von Organisationsmitgliedern, die mit einem traditionellem Rollenbild aufgewachsen sind. Es handelt sich somit in vielen Unternehmen um gewachsene Strukturen, die es gilt aufzubrechen. Außerdem kommen Stereotype vor allem bei fehlender Systematik von Auswahlprozessen zum Tragen, was eine Benachteiligung von weiblichen Bewerberinnen zu Folge haben kann. Zudem mangelt es vielen Unternehmen an dem Bewusstsein für die ökonomische Vorteilhaftigkeit gemischt geführter Teams.

Dies spiegelt sich auch in den fehlenden betrieblichen Unterstützungsmaßnahmen für Frauen wider. Vor allem die mangelnde Förderung einer geschlechtergerechten Vereinbarkeit von Familie und Beruf erschwert den beruflichen Aufstieg von Frauen. Und auch hier wird das Wechselwirken von politischen, sozio-kulturellen und betrieblichen Einflüssen ersichtlich: Zur Förderung der Vereinbarkeit der Familienfürsorge und Erwerbstätigkeit bieten gesetzliche Regelungen wie Elternzeit und Teilzeitarbeit die Möglichkeit einer (längeren) Erwerbsunterbrechung sowie verringerte Wochenarbeitszeiten. Das gesellschaftliche Idealbild einer Führungskraft unterstellt jedoch Vollzeitarbeit und eine jederzeitige Verfügbarkeit. Ebenso sind Unternehmen nicht ausreichend lebensphasenorientiert, um individuellen Lebensplänen gerecht zu werden.

Insgesamt zeigt sich die Bedeutung der historisch gewachsenen Strukturen, die ohne ganzheitlichen Veränderungsansatz nicht durchbrochen werden können. Ohne geeignete Maßnahmen ist der Anstieg des Frauenanteils – insbesondere in den Spitzenpositionen der deutschen Großunternehmen – und das Ende der Unterrepräsentanz von Frauen erst in Jahrzehnten absehbar.

Zusammenfassend kann festgehalten werden, dass die im Zuge des Ursachen-Modells analysierten Faktoren Einfluss auf die Unterrepräsentanz von Frauen in Führungspositionen haben. Hierbei sind starke Abhängigkeiten und Wechselwirkungen zwischen den Faktoren zu konstatieren, was sowohl die Komplexität der Ursachen als auch die Anforderungen an ein entsprechendes Ursachen-Modell verdeutlicht.

6 Aktuelle Maßnahmen zur Erhöhung des Frauenanteils in Führungspositionen

Im Zuge der ganzheitlichen Untersuchung der Ursachen für die Unterrepräsentanz von Frauen in Führungspositionen werden im Folgenden ausgewählte Maßnahmen, Programme sowie Initiativen zur Frauenförderung vorgestellt. Hierauf aufbauend können so fundierte Handlungsempfehlungen abgeleitet werden.

Wie die vorhergehenden Kapitel und insbesondere die Analyse der politischen Einflussfaktoren bereits aufzeigen konnten, beschränken sich Maßnahmen zur Erhöhung des Frauenanteils in Führungspositionen von Seiten der Bundesregierung auf einige wenige mit einer geringen Wirkung. Hierzu zählt das Abkommen über die Selbstverpflichtung der Wirtschaft (Krell & Ortlieb, 2003) sowie die Förderung spezieller Frauengruppen im Zuge der Sicherung des Fachkräftemangels mittels medienwirksamer Kampagnen (BMAS, 2014b).

Das Gesetzesvorhaben zur Einführung einer verbindlichen Frauenquote in börsennotierten Unternehmen (BMJV & BMFSFJ, 2014) stellt eine weitere – zentrale – Maßnahme zur Erhöhung des Frauenanteils in den obersten Managementebenen dar. In diesem Zusammenhang bleiben der Zeitpunkt des Inkrafttretens, die Umsetzung der Unternehmen sowie die Wirkung der diesbezüglichen Regelungen abzuwarten.

Neben den bereits zuvor genannten politischen Maßnahmen fördert die Bundesinitiative „Gleichstellung von Frauen in der Wirtschaft" durch Unterstützung des Europäischen Sozialfonds für Deutschland Projektvorhaben aus fünf Handlungsfeldern, die das gesamte Spektrum der betrieblichen Frauenförderung abdecken. Hierzu zählen die Förderung innovativer Arbeitszeitgestaltung, Überwindung von Rollenstereotypen, Stärkung der Handlungskompetenz und Aufstiegsorientierung von Frauen, Vermeidung von Qualifikationsverlusten währen der Familienphase sowie die Implementierung betrieblicher Maßnahmen im Umgang mit dem demografischen Wandel. Förderungswürdig sind Anträge von Nichtregierungsorganisationen, Wohlfahrtsverbänden sowie Sozialpartnern. Die durch das Bundesministerium für Arbeit und Soziales koordinierte Bundesinitiative soll damit der Verbesserung der Beschäftigungssituation von Frauen und der Herstellung der Chancengleichheit von Frauen und Männern dienen. Bis 2013 wurden bereits 116 Projektanträge positiv votiert, wobei ein Großteil der Förderungsvorhaben durch mittelständische Unternehmen initiiert wurde. Die Evaluation der geförderten Projekte inkludiert insbesondere die Quantität und Inhalte der Maßnahmen sowie die subjektive Einschätzung der teilnehmenden Frauen (BMAS, 2013). Die tatsächliche Wirkung in Bezug auf die Erhöhung des Frauenanteils in Führungspositionen bleibt hierbei jedoch unberücksichtigt. Dies erschwert eine Wirkungsbeurteilung der zugrunde liegenden Projekte im Einzelnen sowie der Bundesinitiative im Allgemeinen.

Als zentrale Interessensvertreter der deutschen Wirtschaft und den zugehörigen Unternehmen fördern vor allem regionale Industrie- und Handelskammern (IHK) durch eigenständige Projekte die Erhöhung des Frauenanteils in Führungspositionen. Hierzu zählen regionale Weiterbildungsangebote, Coaching- und Mentoring-Programme sowie Veranstaltungsreihen, die zur Netzwerkbildung beruflich ambitionierter Frauen beitragen sollen. Gemäß des Deutschen Industrie- und Handelskammertags e.V. (DIHK) als Dachverband der regionalen IHKs steht bei der Karriereförderung vor allem die Nutzung des bisher nicht umfänglich ausgeschöpften (Führungs-) Potenzials von Frauen im Vordergrund der Bemühungen. Eine gesetzliche Frauenquote hingegen wird konsequent abgelehnt (DIHK, 2014). Gemeinsam mit der Bundesvereinigung der Deutschen Arbeitgeberverbände (BDA) und dem Bundesverband der Deutschen Industrie (BDI) hat der DIHK im Jahr 2013 eine gemeinsame Stellungnahme zur Einführung einer verbindlichen Quote abgegeben. Gemäß dieser Begründung sei ein gesetzlich vorgeschriebener Frauenanteil in Aufsichtsräten überflüssig, da die bisherigen Maßnahmen, wie beispielsweise die Selbstverpflichtung der Wirtschaft, bereits eine deutlich frauenfördernde Wirkung gezeigt hätten und somit eine quotale Regelung auch in Zukunft „praktisch entbehrlich“ seien (BDA, BDI & DIHK, 2013). Unter Berücksichtigung des Ursachen-Modells und der damit verbundenen Analyse der Einflussfaktoren ist fraglich, inwieweit einzelne Weiterbildungsprogramme und Projekte zur Frauenförderung tatsächlich ihre Wirkung entfalten können, wenn kein grundsätzlicher Konsens über die Notwendigkeit der Förderung insbesondere auf höchster Ebene von Interessensverbänden besteht.

Um einen öffentlichkeitswirksamen Beitrag zur Veränderung der Situation von Frauen in Führungspositionen zu leisten, wurde 2005 von einer Gruppe hochrangiger Frauen aus Wirtschaft, Politik und Wissenschaft die Initiative FidAR Frauen in die Aufsichtsräte e.V. gegründet. Inzwischen engagieren sich bundesweit mehr als 200 weibliche und männliche Mitglieder ehrenamtlich für den Verein. Als überparteilicher Ansprechpartner für Anhörungen auf Landes- und Bundesebene sowie der Medien leisten sie umfangreiche Aufklärungs- und Überzeugungsarbeit. Neben der Presse- und Öffentlichkeitsarbeit veranstaltet FidAR Frauen in die Aufsichtsräte e.V. zudem regelmäßig Workshops, Foren und Vorträge. Ein weiterer Bestandteil seiner Arbeit stellt darüber hinaus die Identifizierung und Vernetzung von Führungspersönlichkeiten dar. Im Zentrum der Aufklärungsarbeit steht aber vor allem der von FidAR Frauen in die Aufsichtsräte e.V. ermittelte Women-On-Board-Index. Bereits seit 2011 erfolgt durch ihn eine unabhängige Darstellung der Entwicklung sowie der aktuellen

Situation von Frauen in den Top-Managementpositionen der 160 größten deutschen Aktiengesellschaften (FidAR Frauen in die Aufsichtsräte e.V., 2014a; Schulz-Strelow, 2011). Insgesamt leistet die Initiative durch ihre öffentlichkeitswirksame Kommunikation einen Beitrag zur Erhöhung des Bewusstseins für die Notwendigkeit der Erhöhung des Frauenanteils in Führungspositionen und damit zur Ergreifung von Fördermaßnahmen.

Im Folgenden sollen zwei weitere Projekte vorgestellt werden, die sich mit der Problematik von Auswahlverfahren beschäftigen. Sie greifen damit einen im Ursachen-Modell erörterten Teilaspekt der Chancenungleichheit im Beurteilungs- und Auswahlprozess auf und bieten damit Maßnahmen zur Förderung einer objektiveren Bewertung von Frauen und Männern an.

Im Zuge des Inkrafttretens des Allgemeinen Gleichbehandlungsgesetzes im Jahr 2006 wurde die Antidiskriminierungsstelle des Bundes (ADS) eingerichtet. Ihre Aufgaben umfassen Öffentlichkeitsarbeit und Beratung, Ergreifung von Maßnahmen zur Verhinderung von Benachteiligungen durch ethnische Zugehörigkeit, Geschlecht, Behinderung, Religion oder Weltanschauung, Alter und sexueller Identität sowie regelmäßige Berichterstattung an die Bundesregierung. Ein weiterer Arbeitsschwerpunkt der ADS liegt in der Forschung zum Thema Diskriminierung sowie der Ableitung von Forschungsprojekten auf Grundlage der Studienergebnisse. Um den identifizierten Benachteiligungen u.a. gegenüber Frauen im Bewerbungsprozess Rechnung zu tragen, wurde das „Pilotprojekt zu anonymisierten Bewerbungsverfahren" initiiert (Lüders, 2011). An dem einjährigen Modellprojekt nahmen acht Organisationen aus unterschiedlichen Branchen teil. Der Fokus des Projektes lag vor allem auf einer Erhöhung der Chancengleichheit in der ersten Phase der Bewerbung. In diesem Zusammenhang verzichteten die Unternehmen bei Einreichung von Bewerbungsunterlagen auf Angaben zu Namen, Geschlecht, Nationalität, Familienstand, Geburtsdatum sowie auf Fotos. Insgesamt zeigte sich die Vorteilhaftigkeit der anonymisierten Bewerbung im Gegensatz zu herkömmlichen Verfahren insbesondere für Frauen. Sie hatten tendenziell bessere Chancen, zu einem Bewerbungsgespräch eingeladen zu werden (Antidiskriminierungsstelle des Bundes, 2012).

Einen noch umfangreicheren Ansatz bietet das durch die EU und die Bundesministerien für Wirtschaft und Arbeit sowie Gesundheit, Soziales, Frauen und Familie des Landes NRW geförderte Modellprojekt „Genderfaire Personalauswahl". Es greift die häufig fehlende Systematik von Auswahlprozessen auf, berücksichtigt hierbei aber gleichzeitig die Gefahren der Stereotypisierung von Frauen und Männern sowie rechtliche Grundlagen. Ziel des Projektes stellt die Vermeidung von Fehlentscheidungen in der Personalauswahl und damit des Verzichts auf potenziell qualifizierte und geeignete Mitarbeiter dar (Stangel-Meseke & Staudt, 2008). Im Zentrum des Projektes steht ein Trainings-Konzept

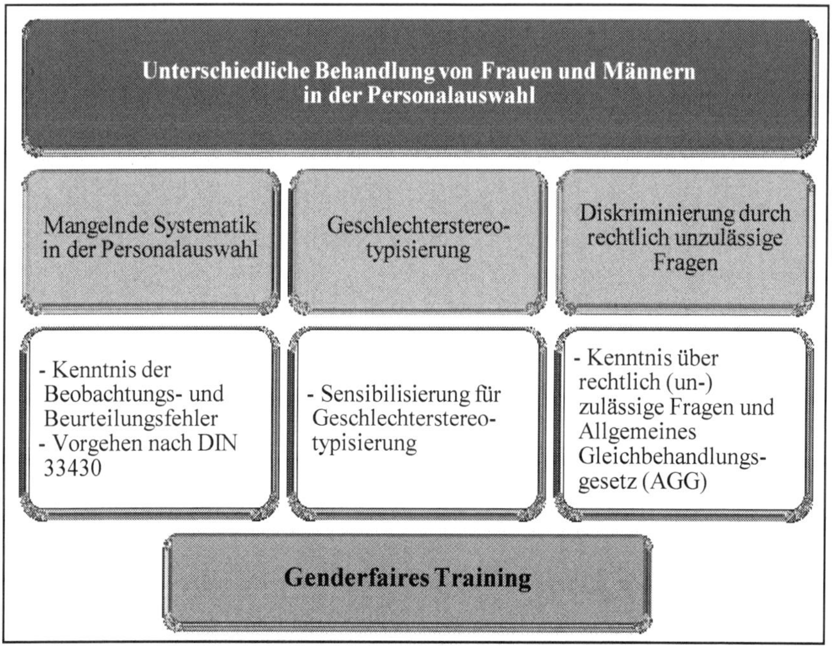

Abbildung 27: Entwicklung der Trainingsziele (Stangel-Meseke & Staudt, 2008, S. 19)

mit Fokus auf die Förderung der Chancengleichheit von Frauen und Männern. Auf Basis von Forschungsergebnissen aus der Eignungsdiagnostik und der sozialpsychologischen Stereotypieforschung wurde ein Training konzipiert, welches die unterschiedlichen Herausforderungen in der Personalauswahl berücksichtigt (vgl. Abbildung 27) (Stangel-Meseke, Staudt, & Dostal, 2009).

Durch das Training wird das Bewusstsein für einen systematischen Personalauswahlprozess geschaffen, so dass Personalentscheider auf dieser Grundlage eine mögliche Optimierung in ihrem Unternehmensumfeld reflektieren können. Auf Basis der eignungsdiagnostischen Empfehlungen der DIN 33430 lernen die Trainingsteilnehmer, wie sie durch Qualitätsstandards Inhalte und Abläufe des Personalauswahlprozesses transparenter und fairer gestalten können. Zudem werden über Beeinflussung durch und die Auswirkungen von stereotypem Verhalten in der Personalauswahl aufgeklärt. Hierbei werden die aktuellen Erkenntnisse aus der Vorsatzforschung trainiert, um der Geschlechterstereotypisierung entgegenzuwirken (Stangel-Meseke, Staudt, & Dostal, 2009). Das genderfaire Training kann damit einen Beitrag zur Sensibilisierung für Diskriminierungen und Stereotypisierungen von Frauen im Auswahlprozess leisten (Stangel-Meseke & Staudt, 2008).

Fazit

Das bereits im Ursachen-Modell thematisierte fehlende politische und betriebliche Engagement bezüglich der aktiven Förderung zur Erhöhung des Frauenanteils in Führungspositionen spiegelt sich zum einen in der Quantität und zum anderen in der Qualität der aktuellen Maßnahmen wider. Trotz des Engagements einiger Initiativen sowie der Implementierung von einzelnen (Modell-) Projekten zeigt sich ein deutlicher Mangel an umfangreichen und auf die Ursachen der Unterrepräsentanz von Frauen in Führungspositionen abgestimmten Förderprogrammen. Insgesamt bedarf es eines deutlicheren Ineinandergreifens der Unterstützung durch Politik und Wirtschaft sowie der Umsetzung innerhalb der Organisationen.

7 Implikationen für Wissenschaft, Politik und Praxis

Die Analyse der historischen Entwicklung zur Repräsentanz von Frauen in Führungspositionen sowie die im Ursachen-Modell diskutierten Einflussfaktoren verdeutlichten bereits, dass der Frauenanteil in den höchsten Management-Positionen ohne Veränderung von Strukturen und Umsetzung geeigneter Maßnahmen in Zukunft nur sehr langsam steigen wird und damit das Ende einer weiblichen Unterrepräsentanz erst in Jahrzehnten absehbar ist. Es erfordert vor allem einen grundsätzlichen politischen, sozio-kulturellen sowie betrieblichen Wandel, um vorhandene Strukturen zu verändern und das bisher ungenutzte Potenzial von Frauen deutlich besser zu nutzen sowie die umfängliche gleichberechtigte Teilhabe am Erwerbsleben von Frauen und Männern zunächst her- und dann nachhaltig sicherzustellen.

Aufgrund der Vielschichtigkeit der bereits aufgezeigten Ursachen und deren komplexen Wirkungszusammenhängen besteht weiterer Forschungsbedarf in Bezug auf die Wirkungsrichtungen der vorgestellten Einflussfaktoren. In diesem Zusammenhang sind auch die bereits eingeführten politischen und betrieblichen Maßnahmen und Programme bezüglich ihrer Wirksamkeit zu untersuchen. Denn durch die bisher fehlende umfängliche Evaluation implementierter Maßnahmen mangelt es an Standards zur Frauenförderung insbesondere in Unternehmen. Diese Untersuchung schließt gleichzeitig auch zukünftige Fördermaßnahmen, wie beispielsweise die Einführung einer gesetzlichen Frauenquote in Aufsichtsräten, ein. Wie bereits in Kapitel 2.2 thematisiert, beziehen sich der Gesetzesentwurf sowie die öffentliche Diskussion um mehr Frauen in Spitzenpositionen in der Wirtschaft lediglich auf einen verhältnismäßig kleinen Personenkreis innerhalb der Unternehmenslandschaft. Hierbei gilt es jedoch auch, die vielfältigen Unternehmen und Unternehmensstrukturen zu berücksichtigen. Im Zuge der Einführung einer gesetzlichen Quote sind so auch mögliche Veränderungen der geschlechtlichen Zusammensetzung von Vorständen sowie erster und zweiter Führungsebene sowohl börsennotierter als auch nicht-börsennotierter Unternehmen zu analysieren. Um die Akzeptanz der gleichberechtigten Teilhabe von Frauen und Männern im Allgemeinen und die Erhöhung des Frauenanteils in Führungspositionen im Speziellen zu fördern, gilt es zudem, die Vorteilhaftigkeit von gemischt-geschlechtlichen (Führungs-) Teams wissenschaftlich zu fundieren.

Die Untersuchung der politischen Einflussfaktoren zeigte bereits die Inkohärenz zwischen Gleichstellungs-, Familien- und Arbeitspolitik auf. Es wurde ersichtlich, dass insgesamt stringentere und aufeinander abgestimmte Regelungen und Maßnahmen mit dem klaren Ziel der Förderung der gleichberechtigten

Teilhabe von Frauen und Männern am Erwerbsleben und Führungspositionen notwendig sind, um deutlich mehr Frauen den Aufstieg in die obersten Führungsetagen zu ermöglichen. Aktuell führt die Ausrichtung der Familien- und Arbeitspolitik zu einer Begünstigung der weiblichen (längeren) Erwerbsunterbrechung und zu einer vermehrten Aufnahme von Teilzeitbeschäftigungen. Zur Förderung der Repräsentanz von Frauen in Führungspositionen, aber auch zur sozialen Absicherung von Frauen und deren Unabhängigkeit, ist hier ein grundsätzlicher politischer Kurswechsel nötig. Wie in diesem Zusammenhang schon von Bothfeld (2008) kritisiert, mangelt es vor allem an der rechtlichen Grundlage, die Unternehmen zu einer aktiven Überprüfung der Gleichstellung in den Organisationen, zu einer Berichterstattung hierüber und damit zu einem konsequenten Abbau der Chancenungleichheiten verpflichtet. Darüber hinaus gilt es, familienpolitische Rahmenbedingungen zu schaffen, die die Vereinbarkeit von Familie und Beruf stärken, den Wiedereinstieg in die Vollerwerbstätigkeit nach der Geburt eines Kindes fördern und Anreize zu bieten, dass Frauen und Männer sich gleichermaßen an der Familienfürsorge beteiligen.

Insgesamt fördern und prägen die politischen Einflüsse durch Gesetze, Regelungen und Anreiz-Systeme ein klassisches Rollenbild der Frau. Zukünftig gilt es hier, einen Beitrag zu leisten, das gesellschaftliche Bild von Frauen nachhaltig zu verändern und in diesem Zusammenhang das wirtschaftliche Potenzial stärker zu berücksichtigen und zu kommunizieren.

Ebenso sind Unternehmen aufgerufen, die eigene betriebliche Praxis hinsichtlich der Chancengleichheit von Frauen und Männern zu überprüfen. Es sollten dabei jedoch nicht nur einzelne Prozesse, wie beispielsweise Auswahlverfahren, berücksichtigt werden, sondern es bedarf auch hier einer ganzheitlichen Unternehmensevaluation. Eine kohärente frauenförderliche Ausrichtung bedarf daher auch einer Überprüfung und ggf. Veränderung der betrieblichen Rahmenbedingungen, wie der Unternehmenskultur sowie des Bewusstseins und des Verständnisses zur Vorteilhaftigkeit der umfänglichen Partizipation von Frauen. Insgesamt stellt die Gleichstellung von Frauen und Männern in Unternehmen einen Veränderungsprozess dar, der komplexe Instrumente der Personal- und Organisationsentwicklung erfordert (Jüngling & Rastetter, 2011; Abele, 2013; Kaiser, Hochfeld, Gertje, & Schraudner, 2012).

Um Widerständen vorzubeugen und Veränderungen erfolgreich und nachhaltig zu implementieren, ist daher ein umfangreicher Veränderungsprozess nötig. Dieser sollte Prozessschritte wie u.a. die Bewusstmachung der Dringlichkeit, Entwicklung einer Strategie, umfangreiche Kommunikation, Evaluation des Projektes sowie die Verankerung der neuen Ansätze in der Unternehmenskultur inkludieren (Kotter, 2007). Nur so kann verhindert werden, dass betriebliche Einzelmaßnahmen ihre Wirkung verlieren und dass gemäß des Defizitansatzes signalisiert wird, dass Frauen ohne Förderung nicht für Führungspositionen ge-

eignet sind (Kleinert, Kohaut, Brader, & Lewerenz, 2007; Armu
ser, 2013).

Ebenso wie in der Familien- und Arbeitspolitik bedarf es von Seiten der U ternehmen eines verstärkten Engagements zur Förderung der Vereinbarkeit von Familie und Beruf. Dies beinhaltet auch die Erhöhung der Akzeptanz für eine familienbedingte Auszeit durch männliche Arbeitskräfte sowie Führungskräfte beider Geschlechter. Hierbei ist aber nicht nur eine potenzielle Elternschaft von Frauen und Männern zu berücksichtigen, sondern eine grundsätzliche Lebensphasenorientierung. Sowohl Frauen als auch Männern sollte die Möglichkeit geboten werden, berufliche Auszeiten nehmen zu können, ohne dass diese mit einem Karriereende verbunden sind. Durch die Förderung von Frauen, die Vereinbarkeit von Familie und Beruf sowie die flexiblere Lebensarbeitszeitgestaltung können Unternehmen nicht nur ihr Image verbessern, sondern sich auch als attraktiver Arbeitgeber positionieren, um so dem Fachkräftemangel in Folge des demographischen Wandels zu begegnen (Ochsenfeld, 2012; BMAS, 2014b).

Insgesamt benötigt es eines politischen, sozio-kulturellen sowie betrieblichen Wandels, um das Rollenbild der Frau zukünftig nachhaltig zu verändern, um die Diskrepanz zwischen dem Stereotyp der Frau und Führungskräften im Allgemeinen abzubauen. Ohne Durchdringung und Veränderung der gewachsenen und vorherrschenden Strukturen mittels geeigneter, auf das komplexe Ursachen-Wirksystem abgestimmter Maßnahmen, ist andernfalls ein Ende der Unterrepräsentanz erst in Jahrzehnten absehbar.

Literaturverzeichnis

Abele, A. E. (2013). Berufserfolg von Frauen und Männern im Vergleich. Warum entwickelt sich die "Schere" immer noch auseinander? *GENDER* (Heft 3), S. 41-59.

Abele, A. E. (2002). Ein Modell und empirische Befunde zu beruflicher Laufbahnentwicklung unter besonderer Berücksichtigung des Geschlechtsvergleichs. *Psychologische Rundschau , Volume 53* (Number 3), S. 109-118.

Abele, A. E., & Spurk, D. (2011). The dual impact of gender and the influence of timing of parenthood on men's and women's career development: Longitudinal findings. *International Journal of Behavioral Development* (35), S. 225-232.

Abelshauser, W. (1999). Kriegswirtschaft und Wirtschaftswunder. *Viertelsjahrshefte für Zeitgeschichte , Jahrgang 47* (Heft 4), S. 503-538.

Antidiskriminierungsstelle des Bundes. (2012). *Pilotprojekt "Anonymisierte Bewerbungsverfahren" – Zusammenfassung Ergebnisse -*. Abgerufen am 29. August 2014 von http://www.antidiskriminierungsstelle.de/SharedDocs/Downloads/DE/newsletter_pdf/nl_02_2012_editorial_kurzfassung_abschlussbericht.pdf?__blob=publicationFile.

Armutat, S., & Steinhäuser, L. (2013). Frauen im/ins Management: Ansätze für einen kulturellen Veränderungsprozess. *PERSONALquarterly* , S. 22-26.

Athenstaedt, U., & Alfermann, D. (2011). *Geschlechterrollen und ihre Folgen – Eine soziopsychologische Betrachtung.* Stuttgart: W. Kohlhammer.

Bach, S., Geyer, J., Haan, P., & Wrohlich, K. (2011). Reform des Ehegattensplittings: Nur eine reine Individualbesteuerung erhöt die Erwerbsanzeize deutlich. *DIW Wochenbericht* (Nr. 41), S. 13-19.

Bach, S., Geyer, J., Haan, P., & Wrohlich, K. (2012). Schwache Argumente für das Ehegattensplitting. *Wirtschaftsdienst , Vol. 92* (Iss. 9), S. 620-624.

Bauernschuster, S., & Fichtl, A. (2013). Brauchen wir eine gesetzliche Frauen-quote? *Ifo Schnelldienst , 66. Jahrgang* (2), S. 39-48.

BDA, BDI & DIHK. (2013). *EU-Richtlinie zur Geschlechterquote ist unionsrechtlich unzulässig und praktisch entbehrlich.* Abgerufen am 28. August 2014 von Wirtschaft lehnt eine Frauenquote in Deutschland ab. Positionspapier von DIHK, BDA und BDI zur Geschlecherquote: http://www.dihk.de/presse/ meldungen/2013-03-26-frauenquote.

Becker, F. G. (2011). *Grundlagen der Unternehmensführung.* Berlin: Erich Schmidt Verlag GmbH & Co.KG.

Bem, S. L. (1974). The measurment of psychological androgyny. *Journal of Consultung and Clinical Psychology , Vol. 42* (No. 2), S. 155-162.

Berghahn, S. (2011). *Der Ritt auf der Schnecke - Rechtliche Grundlagen in der Bundesrepublik Deutschland (Aktualisierung 2011).* Abgerufen am 05. August 2014 von http://www.fu-berlin.de/sites/gpo/pol_sys/gleichstellung/Der_Ritt_auf_der_Schnecke/Ritt-Schnecke-2011_1_nurText.pdf?1361541637.

Berghahn, S. (2003). Frauen im Recht der Erwerbstätigkeit. In *Frau und Recht* (S. 151-206). Düsseldorf: Ministerium für Gesundheit, Soziales, Frauen und Familie des Landes Nordrhein-Westfalen.

Berghahn, S. (2006). *Von der Familienpolitik zur Frauenpolitik und zurück...!* Abgerufen am 30. Juli 2014 von Eröffnungsrede beim Feministischen Juristinnentag am 07.04.2006 in Bremen: http://userpage.fu-berlin.de/ ~berghahn/home/Aktuelles/Berghahn%20FJT-streit.pdf.

Bertrand, M., Black, S. E., Jensen, S., & Lleras-Muney, A. (2014). *Breaking the Glass Ceiling? The Effect of Board Quotas on Female Labor Market Outcomes in Norway.* IZA Discussion Paper No. 8266, Bonn.

Bilen, S. (2014). *Der Dax und die Frauen.* Abgerufen am 17. August 2014 von The Wall Street Journal: http://www.wsj.de/article/ SB1000142405270230405840 4580045251248645746.html.

Bischoff, S. (2010). *Wer führt in (die) Zukunft? Männer und Frauen in Führungspositionen der Wirtschaft in Deutschland – die 5. Studie.* Bielefeld: Bertelsmann.

Blättel-Mink, B., & Kramer, C. (2000). *Innerfamiliäre Arbeitsteilung: Wunsch und Wirklichkeit – Die Sicht der Frauen.* Abgerufen am 31. August 2014 von http://elib.uni-stuttgart.de/opus/volltexte/2001/772/pdf/blaettel-mink.pdf.

Blickle, G., & Boujataoui, M. (2005). Mentoren, Karriere und Geschlecht: Eine Feldstudie mit Führungskräften aus dem Personalbereich. *Zeitschrift für Arbeits- u. Organisationspsychologie , 49* (1), S. 1-11.

BMAS. (2009). *Aufgaben des Bundesministeriums für Arbeit und Soziales.* Abgerufen am 09. August 2014 von http://www.bmas.de/DE/Ministerium/Willkommen-im-BMAS/aufgaben-des-ministeriums.html.

BMAS. (2013). *Bericht zur Bundesinitiative – Gleichstellung von Frauen in der Wirtschaft.* Berlin.

BMAS. (2014b). *Fortschrittsbericht zum Fachkräftekonzept der Bundesregierung 2013.* Berlin.

BMAS. (2014a). *Geschichte des Bundesministeriums für Arbeit und Soziales.* Abgerufen am 09. August 2014 von https://www.in-die-zukunft-gedacht.de/de/page/84/thema/137/themen.html

BMFSFJ. (2013c). *Bundesfamilienministerin zum Thema Frauen in Führungspositionen.* Abgerufen am 09. Juli 2014 von Plenardebatte des Bundestages: http://www.bmfsfj.de/BMFSFJ/aktuelles,did=197630.html?view= render Print.

BMFSFJ. (2006). Das Ehegattensplitting. *11. Auflage.* Berlin.

BMFSFJ. (2012). *Elterngeld und Elternzeit.* Berlin.

BMFSFJ. (2013a). *Familie und Arbeitswelt.* Abgerufen am 1. August 2014 von http://www.bmfsfj.de/BMFSFJ/Familie/familie-und-arbeitswelt.html.

BMFSFJ. (2010). *Frauen in Führungspositionen - Barrieren und Brücken.* Berlin.

BMFSFJ. (2011b). *Gastbeitrag von Kristina Schröder zur Flexi-Quote für Frauen in Führungssituationen.* Abgerufen am 10. August 2014 von http://www.bmfsfj.de/BMFSFJ/aktuelles,did=167000.html?view=renderPrint.

BMFSFJ. (2005). *Gender Datenreport.* Berlin.

BMFSFJ. (o.J.). *Geschichte des Ministeriums.* Abgerufen am 2. August 2014 von http://www.bmfsfj.de/BMFSFJ/Ministerium/geschichte.html.

BMFSFJ. (2013b). Informationen zum Betreuungsgeld. *2. Auflage.* Berlin.

BMFSFJ. (2011a). *Neue Wege – Gleiche Chancen. Gleichstellung von Frauen und Männern im Lebensverlauf.* Erster Gleichstellungsbericht, Berlin.

BMFSFJ. (2014). *Vierter Zwischenbericht zur Evaluation des Kinderförderungs-gesetzes.* Berlin.

BMJV & BMFSFJ. (2014). *"Gesetz für die gleichberechtigte Teilhabe von Frauen und Männern an Führungspositionen in der Privatwirtschaft und im Öffentlichen Dienst". Leitlinien für das Gesetzgebungsverfahren.* Berlin.

BMJV. (2006). *Allgemeines Gleichbehandlungsgesetz.* Abgerufen am 08. August 2014 von http://www.gesetze-im-internet.de/bundesrecht/agg/gesamt.pdf.

BMJV. (2011). *Gesetz über Teilzeitarbeit und befristete Arbeitsverträge.* Abgerufen am 09. August 2014 von http://www.gesetze-im-internet.de/bundesrecht/tzbfg/gesamt.pdf.

Boemer, S., Keding, H., & Hüttermann, H. (2012). Gender Diversity und Organisationserfolg – Eine kritische Bestandsaufnahme. *zfbf Zeitschrift für betriebswirtschaftliche Forschung* , S. 37-70.

Boll, C., & Reich, N. (2012). Das Betreuungsgeld: Eine kritische ökonomische Analyse. *Wirtschaftsdienst , Vol. 92* (Iss. 2), S. 121-128.

Bothfeld, S. (2008). *Under (Re-) Construction: die Fragmentierung des deutschen Geschlechterregimes durch die neue Familienpolitik.* ZeS-Arbeitspapier, No. 01/2008.

Boudreau, J. W., Boswell, W. R., & Judge, T. A. (1999). *Effects of Personality on Executive Career Success in the U.S. and Europe.* Ithaca, NY: Cornell University. School of Industrial and Labor Relations, Center for Advanced Human Resources Studies.

Brenke, K. (2011). Anhaltender Strukturwandel zur Teilzeitbeschäftigung. *DIW Wochenbericht (Nr. 42)* , S. 3-13.

Bundesagentur für Arbeit. (2012). *Frauen und Männer am Arbeitsmarkt im Jahr 2011.* Nürnberg.

Bundeszentrale für gesundheitliche Aufklärung. (2012). *Anregung statt Aufregung. Neue Wege zur Förderung von Medienkompetenz in Familien.* Köln.

CDU, CSU & SPD. (2013). *Koalitionsvertrag: Deutschlands Zukunft gestalten.* Abgerufen am 24. Juli 2014 von http://www.bundesregierung.de/Content/DE/StatischeSeiten/Breg/koalitionsvertrag-inhaltsverzeichnis.html.

Cotter, D. A., Hermsen, J. M., Ovadia, S., & Vanneman, R. (2001). The Glass Ceiling Effect. *Social Forces* , S. 655-682.

Credit Suisse Research Institute. (2012). *Gender diversity and corporate performance.* Abgerufen am 23. August 2014 von https://www.credit-suisse.com/newsletter/doc/gender_diversity.pdf.

Cuddy, A. J., Fiske, S. T., & Glick, P. (2007). The BIAS Map: Behaviors From Intergroup Affect and Stereotypes. *Journal of Personality and Social Psychology , Vol. 92* (No. 4), S. 631-648.

Dasgupta, N., & Asgari, S. (2004). Seeing is believing: Exposure to counterstereotypic women leaders and its effects on the malleability of automatic gender stereotyping. *Journal of Experimental Social Psychology , 40* (5), S. 642-658.

Deutscher Bundestag. (2011). *Bundestag lehnt eine gesetzliche Frauenquote ab.* Abgerufen am 10. August 2014 von https://www.bundestag.de/dokumente/textarchiv/2011/36878087_kw48_de_frauenquote/207116.

Deutscher Juristinnenbund e.V. (2013). *Aktionärinnen fordern Gleichberechtigung – 2009 bis 2013. Mehr Frauen in Führungspositionen. Fazit und Forderungen.* Berlin.

Dict.cc. (o.J.). Abgerufen am 22. Juni 2014 von http://www.dict.cc/?s=gender.

DIHK. (2014). *Weibliche Führungspotenziale besser nutzen.* DIHK-Positionspapier „Weibliche Führungspotenziale", Berlin.

Doblhofer, D., & Küng, Z. (2008). *Gender Mainstreaming. Gleichstellungs-management als Erfolgsfaktor – das Praxisbuch.* Heidelberg: Springer.

Doppler, D. (2007). Männerbund Management. Geschlechtsspezifische Ungleichheit im Spiegel soziobiologischer, psychologischer und ethnologischer Konzepte. *Zeitschrift für Personalforschung , 21. Jg.* (Heft 4), S. 482-486.

Doppler, K. (2002). Führen in Zeiten der Veränderung. In H. J. Joka (Hrsg.), *Führungskräfte Handbuch* (S. 137-158). Berlin: Springer.

Eagly, A. H., & Karau, S. J. (2002). Role Congruity Theory of Prejudice Towards Female Leaders. *Psychological Review , Vol. 109* (No. 3), S. 573-598.

Eckes, T. (2010). Geschlechterstereotype: Von Rollen, Identitäten und Vorurteilen. In R. Becker, & B. Kortendiek (Hrsg.), *Handbuch Frauen- und Geschlechterforschung. Theorie, Methoden, Empirie* (3., erweiterte und durchgesehene Ausg., S. 178-189). Wiesbaden: VS Verlag für Sozialwissenschaften.

Engelbrech, G. (1987). Erwerbsverhalten und Berufsverlauf von Frauen: Ergebnisse neuerer Untersuchungen im Überblick. *Mitteilungen aus der Arbeitsmarkt- und Berufsforschung* (20. Jg.), S. 181-195.

Ernst & Young. (2012). *Mixed Leadership. Gemischte Führungsteams und ihr Einfluss auf die Unternehmensperformance.* Abgerufen am 23. August 23 von http://www.ey.com/Publication/vwLUAssets/Mixed_Leadership_2012/$FILE/Kernergebnisse%20Mixed%20Leadership.pdf

Europäische Kommission. (2014). *Mitglieder des Aufsichtsrats oder Verwaltungsrats.* Abgerufen am 11. August 2014 von http://ec.europa.eu/justice/gender-equality/gender-decision-making/database/business-finance/supervisory-board-board-directors/index_de.htm

Fehre, K., Lindstädt, H., & Picard, A. (2014). Förderung von Frauen in Führungspositionen: Bezugsrahmen und empirische Analyse der unternehmerischen Maßnahmen. *zfbf Zeitschrift für betriebswirtschaftliche Forschung* , S. 37-68.

FidAR Frauen in die Aufsichtsräte e.V. (2014b). *Public Women-on-Board-Index (PWoB) Analyse und Ranking zum Anteil von Frauen in Aufsichtsgremien und Top-Managementorganen der größten öffentlichen Unternehmen.* Berlin.

FidAR Frauen in die Aufsichtsräte e.V. (2014a). *Women-On-Board-Index. Transparente und aktuelle Dokumentation zum Anteil von Frauen im Aufsichtsrat und Vorstand der im DAX, MDAX, SDAX und TecDAX notierten Unternehmen.* Berlin.

Frey, R., & Dingler, J. (2001). *Wie Theorien Geschlechter Konstruieren.* Abgerufen am 20. Juni 2014 von ALLES GENDER? ODER WAS?: http://www.gwi-boell.de/de/publikationen-der-ehemaligen-stabsstelle-gemeinschaftsaufgabe-geschlechter demokratie#239.

Gabler Wirtschaftslexikon. (o.J. a). *Stichwort: Führung.* (Springer Gabler Verlag (Herausgeber)) Abgerufen am 15. Mai 2014 von http://wirtschaftslexikon. gabler. de/Definition/fuehrung.html.

Gabler Wirtschaftslexikon. (o.J. b). *Stichwort: Unternehmenskultur.* (Springer Gabler Verlag (Herausgeber)) Abgerufen am 17. Mai 2014 von http://wirtschaftslexikon. gabler.de/Definition/unternehmenskultur.html.

Galster, I. (2010). Französischer Feminismus: Zum Verhältnis von Egalität und Differenz. In R. Becker, & B. Kortendiek (Hrsg.), *Handbuch Frauen- und Geschlechterforschung. Theorie, Methoden, Empirie* (3., erweiterte und durchgesehene Ausg., S. 44-51). Wiesbaden: VS Verlag für Sozialwissenschaften.

Ganter, S. (1997). *Stereotype und Vorurteile: Konzeptualisierung, Operationalisierung und Messung.* Mannheim: MZES.

Geyer, J., Haan, P., Spieß, K. C., & Wrohlich, K. (2013). Das Elterngeld und seine Wirkung auf das Haushaltseinkommen junger Familien und die Erwerbstätigkeit von Müttern. *Zeitschrift für Familienforschung* , S. S.193-211.

Gildemeister, R. (2010). Doing Gender: Soziale Praktiken der Geschlechterunterscheidung. In R. Becker, & B. Kortendiek (Hrsg.), *Handbuch der Frauen- und Geschlechterforschung. Theorie, Methoden, Empirie* (3., erweiterte und durchgesehene Ausg., S. 137-146). Wiesbaden: VS Verlag für Sozialwissenschaften.

Gmür, M. (2004). Was ist ein 'idealer Manager' und was ist eine 'ideale Managerin'? Geschlechtsrollenstereotypen und ihre Bedeutung für die Eignungsbeurteilung von Männern und Frauen in Führungspositionen. *Zeitschrift für Personalforschung, 18. Jg.* (Heft 4), S. 396-417.

Hansen, K., Bührmann, A. D., & Heidenreich, V. (2012). „Women on Boards“ Wie kann Deutschland von Norwegen lernen? In G. Krell, D. Rastetter, & K. Reichel (Hrsg.), *GESCHLECHT MACHT KARRIERE IN ORGANISATIONEN. Analysen zur Chancengleichheit in Fach- und Führungspositionen* (S. 99-122). Berlin: edition sigma.

Henn, M. (2012). *Die Kunst des Aufstiegs – Was Frauen in Führungspositionen kennzeichnet* (2. aktualisierte Ausg.). Frankfurt: Campus Verlag.

Herbert, C. (2013). *Unconscious bias and higher education.* Abgerufen am 26. Mai 2014 von http://www.ecu.ac.uk/publications/files/unconscious-bias-and-higher-education.pdf.

Herpers, M. (2013). *Erfolgsfaktor Gender Diversity.* Freiburg: Haufe.

Higgins, M. C., & Kram, K. E. (2001). Reconcepualizing mentoring at work: A developmental network perspective. *Academy of Management Review , Vol. 26* (No. 2), S. 264-288.

Hipp, L., & Stuth, S. (2013). *WZBrief Arbeit. Management und Teilzeitarbeit - Wunsch und Wirklichkeit.* Abgerufen am 06. Mai 2014 von http://bibliothek.wzb.eu/wzbrief-arbeit/WZBriefArbeit152013_hipp_stuth.pdf.

Holst, E., & Kirsch, A. (2014b). Finanzsektor: Verbesserungen beim Frauenanteil in Spitzengremien allenfalls in Trippelschritten. *DIW Wochenbericht - Managerinnen Barometer 2014* , S. 33-41.

Holst, E., & Kirsch, A. (2014a). Frauen sind in Vorständen großer Unternehmen in Deutschland noch immer die Ausnahme – moderat steigende Anteile in Aufsichtsräten. *DIW Wochenbericht - Managerinnen Barometer 2014* , S. 19-32.

Holst, E., & Schimeta, J. (2013). Frauenanteil in Topgremien großer Unternehmen in Deutschland nimmt geringfügig zu - DAX-30-Unternehmen mit größerer Dynamik. *DIW Wochenbericht. Managerinnen-Barometer* , S. 3-14.

Holst, E., & Wiemer, A. (2010a). *Frauen in Spitzengremien großer Unternehmen weiterhin massiv unterrepräsentiert.* DIW Wochenbericht (Nr. 4), Berlin.

Holst, E., & Wiemer, A. (2010b). Frauen sind in Spitzengremien der Wirtschaft unterrepräsentiert. Eine Analyse der Ursachen und Handlungsansätze. *Wirtschaftsdienst , Vol. 90* (Iss. 10), S. 692-699.

Holst, E., Busch, A., & Kröger, L. (2012). *DIW Berlin: Politikberatung kompakt 65: Führungskräfte-Monitor 2012 - Update 2001-2010.* Berlin.

Hülsheger, U. R., & Maier, G. W. (2008). Persönlichkeitseigenschaften, Intelligenz und Erfolg im Beruf. Eine Bestandsaufnahme internationaler und nationaler Forschung. *Psychologische Rundschau , 59* (2), S. 108-122.

Hyde, J. S. (2005). The Gender Similarities Hypothesis. *American Psychologist , Vol. 60* (No. 6), S. 581-592.

Judge, T. A., Higgins, C. A., Thoresen, C. J., & Barrick, M. R. (1999). The Big Five Personality Traits, General Mental Ability, And Career Success Across The Life Span. *Personnel Psychology , 52* (3), S. 621-652.

Jüngling, C., & Rastetter, D. (2011). Die Implementierung von Gleichstellungsmaßnahmen: Optionen, Widerstände und Erfolgsstrategien. In G. Krell, R. Ortlieb, & B. Sieben (Hrsg.), *Chacengleichheit durch Personalpolitik. Gleichstellung von Frauen und Männern in Unternehmen und Verwaltung* (6. Ausg., S. 24-40). Wiesbaden: Gabler.

Jüngling, C., & Rastetter, D. (2009). Machtpolitik oder Männerbund? Widerstände in Organisationen gegenüber Frauen in Führungspositionen. In M. Fröse, & A. Szebel-Habig (Hrsg.), *Mixed Leadership: Mit Frauen in die Führung!* (S. 131-146). Bern: Haupt.

Kahlert, H. (2011). Der ökonomische Charme der Gleichstellung in der Neuausrichtung der deutschen Familienpolitik. In R. Casale, & E. Forster (Hrsg.), *Ungleiche Geschlechtergleichheit. Geschlechterpolitik und Theorien des Humankapitals.* Opladen: Budrich.

Kaiser, S., Hochfeld, K., Gertje, E., & Schraudner, M. (2012). *Unternehmenskulturen verändern – Karrierebrüche vermeiden.* Stuttgart: Fraunhofer Verlag.

Kaup, J. (2014). *Aufstiegskompetenzen von Frauen.* Unveröffentlichte Forschungsarbeit, BiTS Business and Information Technology School GmbH, Fachbereich Business Psychology, Iserlohn.

Kay, R. (2011). Gewinnung und Auswahl von MitarbeiterInnen. In G. Krell, R. Ortlieb, & B. Sieben (Hrsg.), *Chancengleichheit durch Personalpolitik* (6. Ausg., S. 241-260). Wiesbaden: Gabler.

Kleinert, C., Kohaut, S., Brader, D., & Lewerenz, J. (2007). *Frauen an der Spitze. Arbeitsbedingungen und Lebenslagen weiblicher Führungskräfte.* Frankfurt am Main: Campus Verlag.

Klenner, C., Brehmer, W., Plegge, M., & Bohulskyy, Y. (2013). *Förderung der Vereinbarkeit von Familie und Beruf in Tarifverträgen und Betriebsvereinbarungen in Deutschland: Eine empirische Analyse.* WSI-Disskusionspapier, No. 184.

Kling, M. (1985). Grundelemente der Erwerbsstruktur in der Bundesrepublik Deutschland. *Mitteilungen aus der Arbeitsmarkt- und Berufsforschung* (18.Jg.), S. 481-491.

Kluve, J., Schmidt, C. M., Tamm, M., & Winter, B. (2008). *Evaluation des Gesetzes zum Elterngeld und zur Elternzeit: Forschungsvorhaben des Bundsministeriums für Familie, Senioren, Frauen und Jugend. Aktenzeichen 214-172-1/54. Endbericht – August 2008.* Rheinisch-Wästfälisches Institut für Wirtschaftsforschung, Essen.

Knapp, U. (1983a). Frauenarbeit in Deutschland zwischen 1850 und 1933 Teil 1. *Historical Social Research* (28), S. 42-82.

Knapp, U. (1983b). Frauenarbeit in Deutschland zwischen 1850 und 1933 Teil 2. *Historical Social Research* (29), S. 3-42.

Koch, I., Biemann, T., & Weckmüller, H. (2014). Ist gute Führung männlich oder weiblich? *Wirtschaftspsychologie* (3), S. 46-49.

Kohaut, S., & Möller, I. (2010). *IAB-Kurzbericht 06/2010. Frauen kommen auf den Chefetagen nicht voran.* Institut für Arbeitsmarkt- und Berufsforschung, Nürnberg.

Kohaut, S., & Möller, I. (2013). *IAB-Kurzbericht 23/2013. Punktgewinn in west-deutschen Großbetrieben.* Institut für Arbeitsmarkt- und Berufsforschung, Nürnberg.

Kohaut, S., & Möller, I. (2009). *IAB-Kurzbericht 26/2009. Kaum Fortschritte bei der betrieblichen Förderung.* Institut für Arbeitsmarkt- und Berufsforschung, Nürnberg.

Kotter, J. P. (2007). Leading Change: Why Transformation Efforts Fail. *Harward Business Review* , S. 122-132.

Kreienkamp, E. (2007). *Gender-Marketing.* München: mi-Wirtschaftsbuch, Finanzbuch Verlag GmbH.

Krell, G. (2012). "Geschlecht", "Führung", "Karriere" und deren Verschränkung als diskursive Fabrikation. In G. Krell, D. Rastetter, & K. Reichel (Hrsg.), *GESCHLECHT*

MACHT KARRIERE IN ORGANISATIONEN: Analysen zur Chancengleichheit in Fach- und Führungspositionen (S. 17-40). Berlin: edition sigma.

Krell, G. (2011b). Diskriminierungs- und Gleichstellungspotenzial von Leistungsbeurteilungen. In G. Krell, R. Ortlieb, & B. Sieben (Hrsg.), *Chanchengleichheit durch Personalpolitik. Gleichstellung von Frauen und Männern in Unternehmen und Verwaltungen* (6. Ausg., S. 261-274). Wiesbaden: Gabler.

Krell, G. (2011a). Geschlechterungleichheiten in Führungspositionen. In G. Krell, R. Ortlieb, & B. Sieben (Hrsg.), *Chancengleichheit durch Personalpolitik. Gleichstellung von Frauen und Männern in Unternehmen und Verwaltungen* (6. Ausg., S. 403-422). Wiesbaden: Gabler.

Krell, G., & Ortlieb, R. (2003). *Umsetzung der „Vereinbarung zwischen der Bundesregierung und den Spitzenverbänden der deutschen Wirtschaft zur Förderung der Chancengleichheit von Frauen und Männern in der Privatwirtschaft" vom 02.07.2001.* Ergebnisse einer Unternehmensbefragung im Auftrag der Hans-Böckler-Stiftung und des Deutschen Gewerkschafts-bundes. Berlin.

Krupitza, B. (2009). Gender Mainstreaming in der Werbung. *transfer Werbe-forschung & Praxis* , S. 44-45.

Langes, B. (2010). *Die Vereinbarung zur Förderung der Chancengleichheit von Frauen und Männern in der Privatwirtschaft: War sie ein Erfolg oder muss sie als gescheitert gelten?* Abgerufen am 09. August 2014 von Frauen in Karriere: http://www.frauen-in-karriere.de/cms/upload/frauen-in-karriere/Schlaglichter/2010_07_FrauenInKarriere_Schlaglicht_01.pdf

Looman, M. (2010). *Am Rande der Macht - Frauen in Deutschland.* Bonn: Budrich UniPress Ltd.

Lorenz, F. (2013). Bloß keine Frauenquote! *Arbeit und Arbeitsrecht* (1), S. 35.

Lüders, C. (2011). Deutschland: Die Antidiskriminierungsstelle. In G. Krell, R. Ortlieb, & B. Sieben (Hrsg.), *Chanchengleichheit durch Personalpolitik. Gleichstellung von Frauen und Männern in Unternehmen und Verwaltungen* (6. Ausg., S. 539-542). Wiesbaden: Gabler.

Marschik, M., & Dorer, J. (2002). *Sexismus (in) der Werbung: Geschlecht, Reklame und Konsum.* Abgerufen am 16. August 2014 von http://www.support-netz.de/fileadmin/user_upload/Medienbildung_MCO/fileadmin/bibliothek/marschik_dorer_werbung/marschik_dorer_werbung.pdf

Mayer, K., & Hillmert, S. (2004). Mayer, K. U., & Hillmert, S. (2004). Neue Flexibilitäten oder blockierte Gesellschaft? Sozialstruktur und Lebensverläufe in Deutschland 1960–2000. In R. Kecskes, M. Wagner, & C. Wolf (Hrsg.), *Angewandte Soziologie* (S. 129-158). Wiesbaden: VS Verlag für Sozialwissenschaften.

McKinsey & Company. (2007). *Women Matter. Gender diversity, a corporate performance driver.* Abgerufen am 23. August 2014 von http://www.mckinsey.de/sites/mck_files/files/Women_Matter_1_brochure.pdf

Metz-Göckel, S. (2011). Wenn die Arbeit die Familie frisst: Work Life Balance ein Genderproblem? In M. Kastner, *Die Zukunft der Work Life Balance* (4. Ausg., S. 107-140). Kröning: Asanger Verlag GmbH.

Müller, U. (1999). Zwischen Licht und Grauzone: Frauen in Führungspositionen. *Arbeit , Jg. 8* (Heft 2), S. 137-161.

Mun, S.-H. (2005). Die Frauenlohnfrage in der früheren Bundesrepublik: Gleiche Arbeit vs. gleiche Leistung. *Feministische Studien* , S. 199-213.

Münkel, D. (2013). *Schwestern zur Sonne zur Gleichheit. Wegmarken der Geschichte der SPD-Frauenpolitik.* Berlin: Deutscher Kunstverlag.

Niemeier, E. (2012). Die falschen Angriffe auf das Ehegattensplitting. *Wirschaftsdienst , Vol. 92* (Iss. 9), S. 613-620.

Nunner-Winkler, G. (2010). Weibliche Moral: Geschlechterdifferenzen im Moralverständnis. In R. Becker, & B. Kortendiek (Hrsg.), *Handbuch der Frauen- und Geschlechterforschung. Theorie, Methoden, Empirie* (3., erweiterte und durchgesehene Ausg., S. 81-87). Wiesbaden: VS Verlag für Sozialwissenschaften.

Ochsenfeld, F. (2012). Gläserne Decke oder goldener Käfig: Scheitert der Aufstieg von Frauen in erste Managementpositionen an betrieblicher Diskriminierung oder an familiären Pflichten? *Kölner Zeitschrift für Soziologie und Sozialpsychologie* , S. 507-534.

ODGERS BERNDTSON. (2014). *2. DAX-Vorstands-Report. Profile von DAX-Vorständen 2005 – 2009 – 2013.* Abgerufen am 19. August 2014 von http://www.odgers berndtson.de/fileadmin/uploads/germany/Documents/Studien/2.DAX-Vorstands-Report.pdf

Papier, H.-J., & Heidebach, M. (2014). *Rechtsgutachten zur Frage der Zulässigkeit von Zielquoten für Frauen in Führungspositionen im öffentlichen Dienst sowie zur Verankerung von Sanktionen bei Nichteinhaltung.* München.

Plogstedt, S. (2013). *"Wir haben Geschichte geschrieben" Zur Arbeit der DGB-Frauen (1945-1990).* Gießen: Psychosozial-Verlag.

Preisendörfer, P. (1984). *Erwerbsbeteiligung von Frauen in Deutschland und Österreich.* Forschungsbericht / Research Memorandum No. 208.

Rastetter, D. (2007). Mikropolitisches Handeln von Frauen. In R. Haubl, & B. Daser (Hrsg.), *Macht und Psyche in Organisationen* (S. 76-99). Göttingen: Vandenhoeck & Ruprecht GmbH & Co.KG.

Rastetter, D. (2002). Zwischen Meritokratie und Mikropolitik. Ein organisationspsychologischer Blick auf das Management-Geschlecht. *Wirtschaftspsychologie* (Heft 1), S. 11-15.

Richter, I., & Schraut, S. (2010). Geschichte: Geschlecht und Geschichte. In R. Becker, & B. Kortendiek (Hrsg.), *Handbuch Frauen- und Geschlechterforschung. Theorie, Methoden, Empirie* (3., erweiterte und durchgesehene Ausg., S. 730-737). Wiesbaden: VS Verlag für Sozialwissenschaften.

Rieck, C., Bendig, H., Hünnemeyer, J., & Nitzsche, L. (2012). *Diversität im Aufsichtsrat: Studie über die Zusammensetzung deutscher Aufsichtsräte.* Working Paper No. 01, Fachhochschule Frankfurt am Main, Fachbereich Wirtschaft und Recht, Frankfurt am Main.

Rizzi, E., & Willmeroth, S. (2013). *frau Macht karriere: Erfolgreich in die Teppichetage.* Zürich: Rüegger Verlag.

Roland Berger Strategy Consultants. (2012). *Diversity & Inklusion.* Abgerufen am 23. August 2014 von http://www.rolandberger.de/media/pdf/Roland_Berger_ Diversity _and_Inclusion_D_20120716.pdf

Röser, J., & Wischermann, U. (2010). Medien- und Kommunikationsforschung: Geschlechterkritische Studien zu Medien, Rezeption und Publikum. In R. Becker, & B. Kortendiek (Hrsg.), *Handbuch Frauen- und Geschlechterforschung. Theorie, Methoden, Empirie* (3., erweiterte und durchgesehene Ausg., S. 738-743). Wiesbaden: VS Verlag für Sozialwissenschaften.

Rößler, M. (2014). Die Verhältnisse ändern. *personalmagazin* (04), S. 16-17.

Sauer, N. C., Kauffeld, S., & Spurk, D. (2014). Männer, Frauen und ihre Art zu netzwerken – Einfluss auf die Karriere von Berufsanfängern. *PERSONALquarterly* (02), S. 18-23.

Schaser, A. (2006). *Frauenbewegung in Deutschland 1848-1933.* Darmstadt: Wissenschaftliche Buchgesellschaft.

Schmid, S., & Dauth, T. (2012). Internationale Diversität im Top-Management – Eine empirische Analyse der DAX-30-Unternehmen. *zfbf Zeitschrift für betriebswirtschaftliche Forschung* , S. 772-802.

Schultz, U. (2003). Haushaltsführung und Erwerbstätigkeit während der Ehe. In *Frauen und Recht* (S. 256-206). Düsseldorf: Ministerium für Gesundheit, Soziales, Frauen und Familien des Landes Nordrhein-Westfalen.

Schulz-Strelow, M. (2011). FidAR e.V.: Mehr Frauen in die Aufsichtsräte – nicht nur ein Gebot wirtschaftlicher Notwendigkeit. In G. Krell, R. Ortlieb, & B. Sieben (Hrsg.), *Chancengleichheit durch Personalpolitik. Gleichstellung von Frauen und Männern in Unternehmen und Verwaltungen* (S. 551-554). Wiesbaden: Gabler.

Schwesig, M. (2014). *Rede im Deutschen Bundestag von Bundesfamilienministerin Manuela Schwesig anlässlich des Internationalen Frauentags am 14. März 2014.* Abgerufen am 24. Juni 2014 von http://www.bmfdfj.de/BMFSFJ/ Presse/reden, did=205352.html

Sczesny, S. (2003). Führungskompetenz: Selbst- und Fremdwahrnehmung weiblicher und männlicher Führungskräfte. *Zeitschrift für Sozialpsychologie* , *34* (3), S. 133-145.

Sczesny, S., & Bosak, J. (2007). Selbst- und Fremdwahrnehmung von Führungseigenschaften. *Wirtschaftspsychologie* (Heft 3), S. 41-49.

Sczesny, S., & Stahlberg, D. (2002). Geschlechterstereotype Wahrnehmung von Führungskräften. *Wirtschaftsspychologie* (Heft 1), S. 35-40.

Seeg, B. (2000). *Frauen und Karriere – Strategien des beruflichen Aufstiegs.* Frankfurt/ Main: Campus Verlag GmbH.

Seibert, S. E., & Kraimer, M. L. (2001). The Five-Factor Model of Personality and Career Success. *Journal of Vocational Behavior* , *58*, S. 1-21.

SPD Bundestagsfraktion. (2013). *Umfallerinnen verhindern Frauenquote*. Abgerufen am 10. August 2014 von http://www.spdfraktion.de/themen/umfallerinnen-verhindern-frauenquote

Spicko, G., & Resch, D. (2013). Stereotypische Darstellung der Frau in der Printwerbung. *transfer Werbeforschung & Praxis* , *59* (1), S. 54-61.

Stangel-Meseke, M. (2009). Weibliches Führungspotenzial. Zwischen Stereotypie und Realität. *labor & more* , S. S. 58-59.

Stangel-Meseke, M., & Staudt, J. (2008). Genderfaire Personalauswahl: Modellprojekt zur Verbesserung der Chancengleichheit von Frau und Mann in der Personalauswahl. In P. Genkova, & A. E. Abele (Hrsg.), *Lernen und Entwicklung in globen Kontext. "Heimliche Lehrpläne" und Basiskompetenzen* (S. 11-27). Lengerich: Pabst.

Stangel-Meseke, M., Hahn, P., & Steuer, L. (2013). Balance durch Diversity Management. Lösungsansätze für unternehmerische Herausforderungen aus Megatrends. In R. Lanwehr, M. Müller-Lindenberg, & D. Mai (Hrsg.), *Balance Management. Vom erfolgreichen Umgang mit gegensätzlichen Zielen* (S. 145-166). Wiesbaden: Springer Gabler.

Stangel-Meseke, M., Staudt, J., & Dostal, A. (2009). Chancengleichheit optimieren. *PERSONAL* (Heft 03), S. 18-20.

Statistisches Bundesamt. (2014b). *Auf dem Weg zur Gleichstellung? Bildung, Arbeit und Soziales – Unterschiede zwischen Frauen und Männern.* Wiesbaden.

Statistisches Bundesamt. (2012). *Frauen in Führungspositionen.* Abgerufen am 20. Juli 2014 von https://www.destatis.de/DE/ZahlenFakten/Indikatoren/QualitaetArbeit/Dimension1/1_4_FrauenFuehrungspositionen.html.

Statistisches Bundesamt. (2013a). *Frauenverdienste – Männerverdienste: Wie groß ist der Abstand wirklich?* Wiesbaden.

Statistisches Bundesamt. (2014a). *Gender Pay Gap 2013 bei Vollzeitgeschäftigung besonders hoch.* Wiesbaden.

Statistisches Bundesamt. (2011). *Mikrozensus 2010.* Wiesbaden.

Steinmann, H., Schreyögg, G., & Koch, J. (2013). *Management. Grundlagen der Unternehmensführung. Konzepte – Funktionen – Fallstudien* (7., vollständig überarbeitete Ausg.). Wiebaden: Gabler.

Stockmann, R. (1987). Historisch-Vergleichende Studien zum langfristigen Wandel der Erwerbsstruktur in Deutschland. *Historical Social Research* , S. S. 121-126.

Stuber, M. (2013). Mythos Quote - Widerstände und Wege zu mehr Frauen in Führungspositionen. *PERSONALquarterly* , S. 10-16.

Vinkenburg, C. J., van Engen, M. I., Eagly, A. H., & Johannesen-Schmidt, M. C. (2011). An exploration of stereotypical beliefs about leadership styles: Is transformational leadership a route to women's promotion? *The Leadership Quarterly* (22), S. 10-21.

von Alemann, A. (2007). Unterrepräsentanz ohne Ende? Geschlechterunterschiede bei Führungseliten der deutschen Wirtschaft. *WSI Mitteilungen* , S. 487-493.

von Rennenkampff, A. (2005). *Aktivierung und Auswirkung geschlechtsstereotyper Wahrnehmung von Führungskompetenz im Bewerbungskontext.* Unveröffentlichte Dissertation, Universität Mannheim.

von Rosenstiel, L. (2009). Grundlagen der Führung. In L. von Rosenstiel, E. Regnet, & M. E. Domsch (Hrsg.), *Führung von Mitarbeitern* (6., überarbeitete Ausg., S. 3-27). Stuttgart: Schäffer-Poeschel Verlag.

von Werder, A. (2005). *Führungsorganisationen.* Wiesbaden: Gabler.

Wagner, S. (2011). *IAB-Kurzbericht 09/2011. Aktuelle Analysen aus dem Institut für Arbeitsmarkt- und Berufsforschung. Viele Frauen würden gerne länger arbeiten.* Institut für Arbeitsmarkt- und Berufsforschung, Nürnberg.

Wänke, M., Bless, H., & Wortberg, S. (2003). Der Einfluss von „Karrierefrauen“ auf das Frauenstereotyp. Die Auswirkungen von Inklusion und Exklusion. *Zeitschrift für Sozialpsychologie , 34* (3), S. 187-196.

Weinert, S. (2012). *Diversity der DAX30-Vorstände: Anspruch und Wirklichkeit.* Working Papers in applied management and economics, No. 20, Fachhochschule Düsseldorf – University of Applied Sciences, Department of Business Studies, Düsseldorf.

Wetterer, A. (2010). Konstruktion von Geschlecht: Reproduktion der Zweigeschlechtlichkeit. In R. Becker, & B. Kortendiek (Hrsg.), *Handbuch Frauen- und Geschlechterforschung. Theorie, Methoden, Empirie* (3., erweiterte und durchgesehene Ausg., S. 126-136). Wiebaden: VS Verlag für Sozialwissenschaften.

WHO. (o.J.). *What do we mean by "sex" and "gender"?* Abgerufen am 21. Juni 2014 von http://www.who.int/gender/whatisgender/en/

Wiegmann, B. (2003). Der Hürdenlauf der Frauen im Recht seit 1900. In *Frauen und Recht* (S. 28-42). Düsseldorf: Ministerium für Gesundheit, Soziales, Frauen und Familien des Landes Nordrhein-Westfalen.

Printed by Amazon Italia Logistica S.r.l.
Torrazza Piemonte (TO), Italy

45831323R00076